Eduard Fritze

Jagd im Obereichsfeld

Teilnehmer einer Küllstedter Hubertusjagd 1929.

Verlag Rockstuhl

Impressum
Umschlaggestaltung: Harald Rockstuhl

Die Titelbilder stammen aus dem Inhalt des Buches.

1. Auflage 2025
ISBN 978-3-95966-786-9

Satz: Helmut und Frau Katja John
Layout: Verlag Rockstuhl

Gedruckt auf alterungsbeständigem Papier nach ISO 9706.

Autor Eduard Fritze im Verzeichnis der Deutschen Nationalbibliothek
mit der GND-Nr. 1015523161 (http://d-nb.info/gnd/1015523161)
sowie im internationalen Register für Autorinnen und Autoren
mit der ISNI-Nr. 0000000356381626 (https://isni.org/isni/0000000356381626)

Druck und Bindearbeiten erfolgen in Deutschland

Die Deutsche Nationalbibliothek verzeichnet diese Publikation in der Deutschen Nationalbibliografie. Detaillierte bibliografische Daten sind im Internet über *http://dnb.d-nb.de* abrufbar.

Verlag Rockstuhl, Inhaber: Harald Rockstuhl
Mitglied des Börsenvereins des Deutschen Buchhandels e.V.
Lange Brüdergasse 12 in D-99947 Bad Langensalza/Thüringen
Telefon: 03603 / 81 22 46, E-Mail: verlag-rockstuhl@web.de
www.verlag-rockstuhl@web.de
https://d-nb.info/gnd/1064213219

Verlag Rockstuhl
www.verlag-rockstuhl.de

Inhalt

Erfolgreicher Jagdtag am 26. September 1977. Dritter von links der Autor. Jagdteilnehmer bestaunen besonders den „Löwen von Brandkopf".

Einleitung

Dies ist keine vollständige Jagdgeschichte eines begrenzten Territoriums, viel mehr werden Einblicke zum jagdlichen Geschehen vorrangig im Bereich des Eichsfeldes gegeben. Das Eichsfeld gehörte im herkömmlichen Sinne zu Thüringen, urkundlich 897 nach Zeitrechnung erstmalig belegt. Aus dem Besitz der Grafen von Tonna-Gleichen kam es durch Kauf in den Besitz des Kurfürstentums Mainz. Für den Mainzer Würdenträger war diese Erwerbung als kleinflächig und abseits gelegen, für die Ausübung der Hohen Jagd nicht geeignet. Deshalb gab es hier keine Jagdschlösser und keine mit großen Aufwand geführten Prunkjagden. Im Eichsfeld wurde in dieser Zeit die Hohe und die Niedere Jagd überwiegend von niederen Adel durchgeführt. Im Jahre 1902 wurde durch die Auswirkungen des Friedens von Luneville das Kurmainzer Territorium aufgelöst und Teile kamen zu Preußen, dazu zählte auch das Eichsfeld. Die bürgerliche Revolution 1848 beseitigte alle jagdlichen Vorrechte des Adels. Die Jagd wurde ab 1850 bürgerlich und eine beliebte Freizeitbeschäftigung. Das 19. Jahrhundert brachte einen nie gekannten wirtschaftlichen Aufschwung. Dabei hat auch die jagdliche Entwicklung und Gesetzgebung bis in die erste Hälfte des 20. Jahrhunderts grundlegende Wandlungen erfahren. Die Entwicklung der allgemeinen jagdlichen Verhältnisse, das Fortschreiten der Zivilisation, die völlige Änderung der jagdlichen Auffassungen, die Notwendigkeit, der Verödung der Natur durch wirksamen Schutz einzelner seltener Tierarten zu begegnen führte in Preußen und Sachsen zu Tier- und Pflanzenschutz Verordnungen und Bestimmungen die den Gedanken einer Wildhege Rechnung trugen. Das waren Vorläufer, Teilerfolge der damals bestehenden jagdlichen Organisationen. Vielseitige Änderungen der Jagd brachte die Zeit nach dem 2. Weltkrieg. Schalenwildarten kamen in frühere Einstandsgebiete zurück und ebenso wurden mehrere Arten vielerorts eingebürgert. Damit ist die Jagd attraktiver geworden. Besonders nach der politischen Wende ist die Zahl der Jagdscheininhaber deutlich größer geworden, sie beträgt um die 46.000. Davon sind 11 % Frauen.

Wachstedt, im Februar 2025 *Eduard Fritze*

Danksagung

Mein Dank für die freundliche Unterstützung und Mitarbeit gilt folgenden Personen:

Herrn Helmut und Frau Katja John für die Schreibarbeit, PC und vorbereitende Gestaltung.

Herrn Dr. Walter Wielant Wiersdorff für Fotos und Schilderungen zum jagdlichen Geschehen im damaligen Jagdrevier Anrode.

Meinen Jagdfreunden Stephan Goldmann, Willi Mock, Josef Weber, Horst Meier, Hermann Hupe und Hermann Hagedorn für freundliche Zuarbeit, ebenso den Jägern Kurt Schuchardt, Horst König und Bernd Hottenrott.

Herrn Heiner Ortmann für die großzügige Überlassung familiengeschichtlichen Erbgutes.

Herrn Heiner Mock für zahlreiche Fotos und deren Gestaltung.

Herrn Hubert Töpfer für die Ausleihe mehrerer Zeitungsjahrgänge.

Dem Revierförster Fritz Raschdorf † für umfangreiches jagdliches Archivgut und Berichte über eigenes jagdliches Geschehen.

Herrn Georg Pfützenreuter für Literaturausleihe.

Für wertvolle Auskünfte von forstlichen Berufskollegen, Forstmeister Hubertus Biehl und Bernhard Fahrig, dem Oberförster Werner Schulz †, den Revierförstern Hans Fröhlich, Gabriele Koch, Ullrich Otto und Andreas Hentschel. Aus dem Ohmgebirgsbereich Franz Heddergott und Fritz Lange.

Vielen Dank auch allen nicht genannten die mir in irgendeiner Weise hilfreich waren, dass dieses Buch entstehen konnte, und nicht zuletzt bin ich meiner Ehefrau Heide und meinen Kindern Wolfram und Barbara für ihre Unterstützung und Hilfeleistung zu dieser Veröffentlichung unendlich dankbar.

Für die hervorragende Gestaltung Dank und Anerkennung meinem Verleger Harald Rockstuhl.

I. Jagdgeschichtliches bis zum Ende der Feudaljagd

Die Jagd ist so alt wie die Geschichte der Menschheit insgesamt. Für die Menschen der Steinzeit war die Jagd Nahrungserwerb, ausschließlich auf Ertrag gerichtet und teilweise mit gefährlichen Wildarten bestückt wie Mammut, Waldelefant, Nashorn, Ren, Elch und Wisent. Die Jagdarten beschränkten sich damals auf das Anschleichen auf Speerwurf- oder Pfeilschussweite. Auch die Anlage von Fallgruben fand Anwendung. Die Existenz einiger dieser Tierarten ist im Eichsfeld und den angrenzenden Gebieten durch zahlreiche Funde belegt.

Mammut

1695/96 wurde ein Mammutskelett im Kalktuff bei Gräfentonna gefunden.

1784 fand man einen Mammutschenkelknochen nördlich von Pfafferode bei Mühlhausen

1799, 1803, 1808 kamen zahlreiche Skelettreste vom Mammut im Gipsabbau zwischen Osterode und Dorste ans Tageslicht.

1904 wurden erneut Teile vom Mammut bei Gräfentonna gefunden.

1909 im September wurde bei Silberhausen der Unterkiefer eines jungen Mammuts gefunden.

1935 fand man einen Mammutstoßzahn in der Kiesgrube Henriettenhof bei Duderstadt

1956 Fund eines Mammutbackenzahns in den Kies- und Sandwerken bei Bielen im Kreis Nordhausen.

1975 im Gipsbruch bei Förste wurden ein Stoßzahn, fast 4m lang, ein Schulterblatt, Knochen und 4 Backenzähne gefunden. [1]

Diese Funde lassen ein flächendeckendes Vorkommen des Mammuts erkennen. Der Vorgeschichtsforscher Dr. Dr. Rolf Dietrich Kahlke weist 50 Fundstellen vom Mammut in Thüringen aus.

Die Fundstellen des Wollnashorns sind ähnlich zahlreich wie die des Mammuts:

1730 Nashornskeletttteile in einer Mergelgrube bei Mauderode [2]

1751 Nashornknochenreste im Lehm bei Herzberg [3,4]

1808 Nashornreste im Gipsabbau zwischen Osterode und Dorste [5]

1887 Knochengerüst eines Nashorns in den Sandbrüchen bei Nörten [6]

1909 Teile vom Wollnashorn bei Neuekrug in der Umgebung von Göttingen [7]

1933 und 1939 Skelettteile vom Nashorn in den Bilshäuser Tongruben [8]

1974/75 Teile vom Nashorn in der Gipsgrube Peinemann bei Förste [9]

Nur wenige Nachweise gibt es für den Moschusochsen:

1912 Skelett eines Moschusochsen in der Lehmgrube Arenshausen [10]

1925 Schädel eines Moschusochsen im Tonwerk Grüber, Schersen bei Sondershausen [11]

Ähnlich ist es auch bei Nachweisen vom Elch:

1930 Riesenelch in der Tongrube Jacobi bei Bilshausen [12]

1939 Elchgeweihschaufel beim Hausbau in Lengenfeld/Stein [13]

1955 Reste eines Jungelches bei der Obermühle Wendehausen

Das Rentier wurde bisher nur einmal nachgewiesen:

1974/75 fand man Geweihstangen und Skelettreste in einer Gipsgrube im Raum Osterode [14]

Ein Waldnashorn hat sich in einem Schlammtümpel gefangen. Jäger einer altsteinzeitlichen Horde versuchen, das Tier zu blenden und ihm Wunden zuzugügen.

Sehr zahlreich sind die Fundnachweise vom Rothirsch. Sie konzentrieren sich besonders auf den Bereich Heiligenstadt:

1893 Ein 14-Ender-Hirschgeweih wurde in der Mergelgrube auf dem Rathmann Kellerschen Grundstück in Heiligenstadt gefunden. [15]

1904 Im Dirkischen Mergelbruch fand man ein 12-Ender-Hirschgeweih. [16]

1906 Das komplette Knochengerüst eines ungeraden 16-Enders wurde in den Heiligenstädter Mergelgruben ausgegraben. [17]

1907 Professor Franz Neureuther veröffentlicht in „Unser Eichsfeld" eine Übersicht und Zusammenstellung aller bisher beim Abbau in den Heiligenstädter Mergelgruben gefundenen Rotwild-Skelettreste. [18]

1908 An der Wipperbrücke in Obergebra wurde im Flusskies ein großes Rothirschgeweih freigelegt. [19]

1931 Ein stattliches Hirschgeweih wurde in der Mergelgrube Kellner bei Heiligenstadt ausgegraben. [20]

1964 Bei Bilshausen wurde erneut ein Vorzeithirsch in den Jacobi-Tonwerken gefunden. [21]

In der jüngeren Steinzeit setzte ein wesentlicher Wandel ein, in dem sich mit Ackerbau und Viehzucht andere Wirtschaftsformen entwickelten. Die Jagd als bisher alleinige Grundlage der menschlichen Existenz verlor an Bedeutung. Die Germanen hatten sich, nachdem sie sesshaft geworden waren, in Markgenossenschaften zusammengeschlossen. Die Jagd stand zunächst jedem Freien offen. Karl der Große (747–814) berief sich auf das römische Recht, wonach alle noch nicht im persönlichen Besitz befindlichen Wälder dem Kaiser gehörten. Herrenlos waren vor allem die großen Waldkomplexe, die sich zwischen den Bereichen der einzelnen Markgenossenschaften erstreckten. Sie wurden zu „Forsten" und mit dem „Wildbann" belegt. Die Jagd war hier für jedermann verboten, nur der König und seine

Beauftragten hatten das Recht, sie in diesem Gebieten auszuüben. Mit der Umbildung des zu Deutschland zählenden Gebietes in zahlreiche selbstständige Territorien gingen gleichermaßen die Hoheitsrechte an die Territorialherren über. Der König war auf die Gunst der Fürsten und der Kirche angewiesen und übergab durch „Lehen", die in der Regel später Eigentum wurden, Wald und Jagdrecht als Zahlungsmittel.

Nach 900 begann die Blütezeit der Jagd. Seit dem 13. Jahrhundert kam zu den Jagdwaffen die Armbrust. Hage oder Jagdhecken wurden angelegt und das Wild auf Zwangswechseln mit Netzen und Schlingen gefangen. Hunde waren neben den Jagdwaffen von größerer Bedeutung. Sie hatten die Aufgabe das Wild zu hetzen und so zu ermüden, dass der berittene Jäger herankommen konnte, der das betreffende Stück Schalenwild mit der blanken Waffe tötete.

Die Beizjagd mit Falken und Pferden kam in dieser Zeit auf und wurde verschiedentlich sehr leidenschaftlich ausgeübt.

Die im Mittelalter steigenden Rot- und Schwarzwildbestände schädigten die Felder der leibeigenen Bauern, die sich dagegen nicht wehren durften. Verzweifelte Notwehrakte wurden mit schweren Strafen an Leib und Leben geahndet. Damals entstand bei den Bauern ein ererbter Hass gegen alles, was mit Wild und Jagd in Verbindung stand, welcher in den Bauernkriegen 1524/25 zum ersten Ausbruch kam, aber erst drei Jahrhunderte später im Zuge der Ereignisse von 1848 endete. [22]

Um 1500 etwa wurden die Begriffe „Hochwild" und „Niederwild" geprägt. Hochwild war den hohen Herren vorbehalten. Zum Hochwild zählten das Schalenwild außer dem Rehwild, das Auerhuhn, Stein- und Seeadler sowie der Fischreiher für die Beizjagd. Das Niederwild stand dem niederen Landadel sowie den Städten und Klöstern jagdlich zu. Zum Niederwild zählten das Rehwild und alles Haar- und Flugwild.

Übertriebene Jagdleidenschaft und Zeitvertreib der Adligen prägte die Jagd der Renaissance besonders im 17. und 18. Jahrhundert. Von der frühmittelalterlichen Einzeljagd entwickelte sich diese immer mehr zur feudalen Gesellschafts- und Hofjagd. Massentötungen von Wild in grausamen Formen zählten damals zu den schlimmsten Auswüchsen.[23]

Ab dem 16. Jahrhundert kamen auch die Feuergewehre brauchbar bei der Jagd zur Anwendung. Sie ermöglichten den Abschuss von Wild, ohne dass die hochherrschaftlichen Personen irgendwie gefährdet werden konnten.

Großen Schaden nahmen Wild und Jagd durch den 30-jährigen Krieg (1618–1648). Wisent und Elch waren im Laufe der Zeit aus Deutschland verschwunden, die Elche bis auf ein kleines Gebiet in der Nordostecke (Ostpreußen) zurück gedrängt. Der Bär zeigte sich nur noch in wenigen Gebieten, Luchs und Wolf dagegen hatten stark zugenommen. Der Wolf war vielerorts zur Landplage geworden und wurde intensiv bejagt. Die folgende Erhöhung des Jagdaufwandes, das übersteigerte Prunk- und Vergnügungsbedürfnis des Adels führte zu einem Anwachsen der Jagdfron. Zur Vorbereitung der großen Jagden, die eine Massenschlächterei darstellten, mussten vorher hunderte im Frondienst stehende Dorfbewohner alles Wild aus den großen Waldflächen in eingefriedete Bereiche, die so genannten „Kammern" zusammentreiben. Von diesen Kammern führten Zwangswechsel an einem überdachten Schießstand vorbei. Auf diese und ähnliche Weise wurden von einem Schützen am Tag mehrere hundert Stücke Wild erlegt.

Herzog Karl von Württenberg veranstaltete 1756 sein zweitägiges Kesseltreiben auf Hasen, bei dem auf einer Ausdehnung von 63 Kilometern mit Hilfe von 4600 Treibern 3112 Hasen zur Strecke kamen, darunter durch den Herzog allein 1045 Stück. Den Kurmainzer Schirmhessen standen für ihre jagdlichen Belustigungen umfangreicher Waldbesitz nahe Mainz in Spessart, Odenwald, Bergstraße, Taunus, Rheingau, Starkenburg, Oberhessen und Hessen-Nassau zur Verfügung. In ihnen fand die leidenschaftliche Jagdliebe der Erzbischöfe und ihres Hofstaates ihre Befriedigung. Der jagdlustige Mainzer Kurfürst Karl von Ostein (1743–1763) und Freiherr von Breidenbach (1763–1774) hielten sich jedes Jahr mehrere Monate im Jagdschloss Rothenbuch auf, um kostspielige Prunk-, Lust- und Zeugjagden abzuhalten. Das Obereichsfeld/Eichsfeld blieb in dieser Hinsicht von derartigen jagdgeschichtlichen Auswüchsen verschont, wohl weil es am weitesten vom Verwaltungssitz Kurmainz entfernt lag. Doch die „Hohe Jagd" stand auch hier dem Kurfürsten zu. Im Jurisdiktionalbuch heißt es hierzu wörtlich: „Ihre kurfürstlichen Gnaden haben das Oberrecht for Wildführ und den Wildbahn in hiesigen Wäldern."

Der Niedere Adel als Grundherren im Eichsfeld nahm sich neben der ihm zustehenden „Niederen Jagd" auch die „Hohe Jagd" an. Dies hatte zur Folge, dass die Bestände des Rot- und Schwarzwildes durch übermäßige Bejagung stark reduziert wurden und stellenweise ganz verschwanden. Dies alles verlief allerdings nicht sang- und klanglos. Bestätigt wird das auch durch eine Anzahl urkundlicher Belege im Staatsarchiv Magdeburg. Mehrfach kam es deshalb zu Verhandlungsprozessen zwischen der Kurmainzer Hauptverwaltung in Heiligenstadt und den Eichsfelder Adligen. Daran waren hauptsächlich die von Tastungen, von Bodungen, von Hanstein, von Bültzingsleben, von Haarstall und von Hagen beteiligt. Allerdings handelten hier nicht alle gleichermaßen. Die von Tastungen hatten 1675 laut Jurisdiktionalbuch die Mitjagd in den ihnen zustehenden Bereichen und wurden durch Lehen bestätigt.
Im Amt Gleichenstein waren es besonders die von Tastungen und die von Bodungen, die ihr Jagdprivileg über den gesamten Amtsbereich und darüber hinaus ausdehnten. [24] Am 18. Dezember 1682 führten Christoph von Tastungen und Werner von Bodungen gemeinsam in den Fluren von Kreuzebra eine Hasenjagd durch, wobei ein Wildschwein angeschossen wurde. Mit Hunden verfolgten sie das angeschossene Wild bis in die Nähe des Scharfensteins und brachten es hier zur Strecke. Der Amtsvogt wollte das erlegte Stück Wild beschlagnahmen, dies wurde aber unter Gewaltandrohung verhindert. Christoph von Tastungen teilte das erlegte Wildschwein mit Werner von Bodungen zum Eigenverbrauch auf. Nach erfolgter Meldung wurden beide von der Kurfürstlichen Verwaltung gemaßregelt. Anfang 1731 veranstaltete Johann Wilhelm von Tastungen in den Fluren von Fürstenhagen und Krombach auf ihm nicht zustehenden Gebiet eine Treibjagd. Die Kurfürstliche Kanzlei reagierte sehr schnell. Am 25. Januar 1731 erging der Bescheid an Generalmajor Johann Wilhelm von Tastungen, er solle sich des Jagens im Westerwald, im ganzen Amte Bischofstein und an den im Urteil vom 10. Mai 1683 genannten Orten und Distrikten bei Vermeidung von 25 Reichstalern Strafe enthalten. Zu ihrer Verteidigung behaupteten sie, dass ihnen nicht allein die Jagden nach Hoch- und Niederwildbret in ihren Gerichten zustehe, sondern auch die Mitjagd nach Hoch- und Niederwildbret zu Dieterode,

Kalteneber, in Fürstenhagen und im ganzen Amte Bischofstein, Gleichenstein und den vier Dörfern Flinsberg, Heuthen, Geisleden und Kreuzebra im Amte Rusteberg gehöre. Doch konnten sie darüber keine Lehnbriefe vorlegen.

Eine Beschwerde des Amtsvogtes vom Gleichenstein gelangte in die Heiligenstädter Kanzlei. Sie beinhaltete: „Die von Tastungen und von Bodungen würden die Wildbahn so ruinieren, dass man sich nicht eines Hasen bemächtigen könne. Sie scheuen sich nicht, das Wild bis vor die Brücke zu hetzen."

Dem Geschlecht derer von Hanstein stand nach den Gesamt-Lehnbriefen das Jagdrecht im ganzen Umfang des Hansteinschen Gerichts zu und wurde als Koppeljagd von den Familienmitgliedern ausgeübt. Als Koppeljagd galt ein Jagdrevier, das von verschiedenen Jagdberechtigten bejagt wurde. [25]

Bei einer Tagung zu Wahlhausen am 1. März 1680 wurde neben Anderem bestimmt, dass die Jagd auch in diesem wie im vorigen Jahr eingestellt und bis Bartholomäi gehegt werden sollte. Auf einer Konferenz 1712 in Bornhagen wurde beschlossen, dass alle Jagd- und Windhunde abgeschafft werden müssen. Hier gab es auch Anlass zu einer Beschwerde nach Kassel. Die Bürger von Allendorf hatten den Hansteinern großen Schaden an Wildbret zugefügt.

Am 5. August 1724 wurde zu Gerbershausen angewiesen, dass das Hühnerfangen bis zum 8. September beendet werden soll, weil wegen der nicht abgeschlossenen Ernte auf Laurentii-Tag großer Schaden zugefügt wird.

Zu einer Beschwerde über schlecht gehaltene Jagdhege kam es bei einer Zusammenkunft 1729 auf Antrag der beiden Senioren von Unterstein und Besenhausen. Eine angeschossene Rehgeise verweste mit zwei Kitzen im Leibe und mehrere angeschossene und verendete Hasen waren gefunden worden. Am Höhberg trachteten einige Jäger einer Bache nach, welche bereits geworfen hatte oder davon nicht weit entfernt war. Den Jägern wurde daher untersagt in der Hegezeit Flinten zu tragen.

Nach einer Zusammenkunft am 2. Juni 1746 in Gerbershausen scheint die Verfügung von 1712 alle Jagdhunde abzuschaffen nicht eingehalten worden zu sein, denn dies wurde daselbst von Neuem verordnet.

Eine von zwei Hansteinschen Familienmitgliedern entworfene Jagdordnung vom 24. Juli 1837 wurde von allen anwesenden Jagdberechtigten genehmigt. Sie enthält folgende Bestimmungen:

- Die hohe Jagd geht den 24. Juni auf, mit Ausnahme des Wechselwildes wie Hirsch und Sau, das das ganze Jahr hindurch geschossen werden darf.
- Von Rehböcken darf nur einer für jedes Haus und nur mit der Büchse erlegt werden.
- Der Aufgang der niederen Jagd wird von der Königlichen Regierung in Erfurt für den Kreis Heiligenstadt jedes Jahr bestimmt.
- Die Hasenjagd wird nur vom 1. Oktober bis zum letzten Januar gestattet.
- Für die Förster und Jäger wird die Ausübung der Jagd genau bestimmt und ihnen untersagt, einen Fremden mitzunehmen.
- Eingegangene Strafgelder sollen zu milden Zwecken für verarmte oder verunglückte Forstläufer usw. verwandt werden.

Soweit aus urkundlichen und anderen Berichten erkenntlich ist, waren die Hansteiner mehr für geordnete Verhältnisse.

Um diese offensichtlichen Missstände auf jagdlicher Ebene im Eichsfeldbereich wieder in geordnete Bahnen zu bringen, erließ die Regierungskanzlei in Heiligenstadt am 30. Januar 1780 eine „Jagdverordnung für das Land Eichsfeld" mit 14 Paragraphen, in der eingangs geklagt wird, dass den Verordnungen von 1743 und 1754 nicht nachgelegt wurde. Die Hegezeit wurde nun, mit dem ersten Tag des Januars beginnend bis zu dem Tage, der mit Rücksicht auf die Feldfrüchte bestimmt wird, festgelegt. Während der Hegezeit sei alles Jagen mit oder ohne Hunde, das Schießen auf den Anstande, das Fangen der Feldhühner mit Garn, das Schlingenstellen usw. untersagt, doch darf während der Hegezeit das streifende Wild, z.B. Enten und Schnepfen geschossen werden. Hunde waren während der Hegezeit entweder zu Hause anzulegen oder es mussten ihnen lange schleifende Knüppel angehängt werden, was man das Knüppeln der Hunde nannte. Schließlich wurde untersagt, Nester des brütenden Geflügels zu zerstören oder junges Wild aufzunehmen. Über die jagdlichen Übertretungen und Verfehlungen im Bereich des Eichsfeldes sind im Magdeburger Staatsarchiv Aktenbände vorhanden. Diese sind neuerdings in das Archiv Wernigerode umgelagert worden. Auch in Preußen gab es 1788 eine Verordnung über Schonzeiten des Wildes.

Man hat die Jagd in gesetzliche Schranken verwiesen und mit Hinblick auf Erhaltung der jagdbaren Tiere entsprechend der langfristig erworbenen Kenntnisse Jagd- und Schonzeiten eingeführt. Anfang und Ende von Jagd- und Schonzeiten wurde amtlich, so in den Zeitungen, bekannt gegeben. Dabei richtete sich der Anfang in der Regel nach dem Ende der Erntearbeiten in der Landwirtschaft. Das Jagdzeitende war in der zweiten Januarhälfte, selten erst Anfang Februar.

Zur besseren Erkenntnis hier eine Auswahl der Jagdzeiten: [26]

Jahr	**Anfang**	**Ende**
1822	16. September	15. Februar
1826	1. September	31. Januar
1830	20. September	24. Januar
1832	17. September	1. Februar
1834	1. September	1. Februar
1839	16. September	2. Februar
1847	30. August	31. Januar
1848	1. September	22. Januar
1853	15. September	1. Februar
1859	1. September	31. Januar

Bei Nichteinhaltung der festgelegten Termine wurde eine Geldstrafe von 50 Reichsthalern, im Unvermögensfalle eine sechswöchige Gefängnisstrafe angedroht.

Von Hanstein, der Landrat des Kreises Heiligenstadt, erließ am 9. März 1846 eine Zusammenstellung verschiedener in Bezug auf das Jagdwesen erlassener Verordnungen.

Hieraus einige Fakten, die für den Kreis Heiligenstadt gültig sind:

Wer während der Schonzeit die Jagd ausübt, ohne dass dabei wirklich Wild erlegt worden ist, zahlt eine Geldbuße von 2 Reichsthalern. Für das Töten oder Einfangen von Wildbret während der geschlossenen Zeit seitens der zur Jagd berechtigten Personen treten folgende Geldbußen ein:

a) für einen Rehbock oder ein Reh 10 Reichsthaler
b) für einen Dachs 5 Reichsthaler
c) für einen Hasen 4 Reichsthaler
d) für ein Rebhuhn 2 Reichsthaler

Die Jagd darf nur mit feststehenden Hühnerhunden exerziert werden. Alle anderen jagend angetroffenen Hunde sollen tot geschossen und die Eigentümer mit einer Geldstrafe von 3 Reichsthalern belegt werden.

Wer in fremden Revieren jagt ohne überhaupt zur Jagd berechtigt zu sein, egal ob zur Jagd- oder Hegezeit, hat eine Geldbuße von 18 Gulden zu zahlen oder wird im Fall des Unvermögens mit 18 Tagen Gefängnis bestraft.

Es folgen eine Anzahl Fälle, die mit dem Erwerb und dem Handel mit Wildbret zusammenhängen.

In der ersten Hälfte des 18. Jahrhunderts kam es in Deutschland nicht mehr zu den jagdlichen Massenschlächtereien und kaum noch zu neuen jagdlichen Prunkbauten.

Nach mehr als 500-jähriger Beständigkeit kam 1802 das Kurmainzer Fürstentum Eichsfeld zu Preußen. Das Lehnsverhältnis zum Erzbischof wurde aufgelöst, jedoch blieb das Lehnsverhältnis der Bauern zu den Adelsfamilien bestehen.

Bereits 1807–1813 kam das Eichsfeld zwangsweise in das neu geschaffene Königreich Westfalen unter König Jerome mit Verwaltungssitz in Kassel. Nach dem Wiener Kongress 1815 kam es 1816 durch Kreiseinteilung des ehemaligen Fürstentums Eichsfeld zu verwaltungsmäßig geordneten Verhältnissen. Der Kreis Duderstadt kam zum Königreich Hannover, die Kreise Heiligenstadt und Worbis zur Provinz Sachsen. In den Kreis Mühlhausen gelangten 16 Eichsfelddörfer.

Durch wirtschaftliche Veränderungen infolge der Kriegsereignisse fehlten für die Hausweberei die Absatzmöglichkeiten. Dies betraf etwa die Hälfte der Bevölkerung, die dadurch in Not geriet. Hinzu kamen mehrere außergewöhnliche klimatische Ereignisse. Besonders 1816 ging als „Jahr ohne Sommer“ mit totalem Ernteausfall in die Geschichte ein. Das Dürrejahr 1842 bescherte die Kartoffelkrankheit. Die Jahre 1846 und 1847 waren wegen Missernten mit Hungersnot gezeichnet. Diese zahlreichen Missernten führten zu Teuerungen und Hungersnöten.Unzufriedenheit und Unruhen standen auf der Tagesordnung. Die Einwohner von Breitenbach erstürmten die 1783 eingerichtete Zwangsarbeitsanstalt in Worbis. Das in adligem Privatbesitz befindliche Kloster Zella wurde von Einwohnern der Dörfer Struth und Effelder geplündert und Akten vernichtet.

Im März 1848 kam es in Berlin zu Gewaltausschreitungen und zum Ausbruch der Bürgerlichen Revolution, die auch vielerorts Protestausbrüche zur Folge hatte.

Auf jagdlicher Ebene kam es bei den Verhandlungen zu einer entscheidenden Grundsatzänderung. Am 5. Oktober 1848 beschloss die Nationalversammlung in Frankfurt: Die Jagdgerechtigkeit auf fremdem Grund und Boden, Jagddienst und andere Leistungen für Jagdzwecke sind ohne Entschädigung aufgehoben. Jedem steht das Jagdrecht auf eigenem Grund und Boden zu.

Letztendlich war dies der Übergang von der Feudaljagd zur demokratischen Jagdverfassung.

II. Die bürgerliche Pachtjagd ab 1850

Mit dem Übergang von der Feudaljagd zur bürgerlichen Jagd mit dem Jagdpolizeigesetz vom 7. März 1850 ergaben sich für die Jagdausübung grundsätzliche Änderungen. Die Ausübung des einem Grundbesitz zustehenden Jagdrechts wird folgenden Bestimmungen unterworfen:

Zur eigenen Ausübung des Jagdrechts auf seinem Grund und Boden ist der Grundstückseigentümer, der einen land- oder forstwirtschaftlichen Flächenraum von wenigstens 300 Morgen = 75 ha zusammenhängend besitzt, berechtigt. Die Eigentümer derjenigen Grundstücke einer politischen Gemeinde, welche wegen ihrer geringen Größe keinen eigenen Jagdbezirk haben, bilden eine Jagdgemeinschaft. Die Verwaltung geschieht durch den Jagdvorsteher.

Laut Gesetz musste jeder, welcher die Jagd ausüben will, einen für den ganzen Staat gültigen, auf ein Jahr und die Person lautenden Jagdschein vom Landrat des Kreises seines Wohnsitzes ausstellen lassen und selbigen bei der Ausübung der Jagd stets mit sich führen. Für den Erwerb der Genehmigung der Jagdausübung waren strenge Vorschriften zu beachten. Die Erteilung des Jagdscheins muss folgenden Personen versagt werden:

a) solchen, von denen eine unvorsichtige Führung des Schießgewehres oder eine Gefährdung der öffentlichen Sicherheit zu befürchten ist.
b) denen, welche durch ein Urteil des Rechts, Waffen zu führen verlustig erklärt sind, sowie denen, welche unter Polizeiaufsicht stehen.

   Der Jagdschein kann denen versagt werden, welche wegen eines Forst- oder Jagdfrevels oder wegen Missbrauch des Feuergewehres innerhalb der letzten 5 Jahre bestraft wurden.

   Gefordert wurde auch ein gutes Vorhandensein von Gesicht und Gehör.

Außer dem Jahresjagdschein war auch ein Tagesjagdschein möglich. Der Jagdschein kann wegen Jagdvergehen und jagdpolizeilichen Übertretungen entzogen oder versagt werden.

Jeder der jetzt einen Jagdschein löste, konnte ein Jagdrevier pachten, wobei die gemeinschaftlichen Jagdbezirke von den Gemeinden verpachtet wurden. Die Voraussetzung ein Pächter zu werden war ein dreijähriger Jagdscheinbesitz.

In festgelegten Abständen fand die Neuverpachtung statt, die zum gegebenen Zeitpunkt vom Bürgermeister vorbereitet wurde. Sie wurde der Öffentlichkeit bekannt gegeben und erfolgte als Versteigerung. Neuer Pächter wurde in der Regel der meist bietende Bewerber. Der Pächter musste seit drei Jahren regelmäßiger Inhaber eines Jagdscheines gewesen sein. Die Pachtzeit konnte zwischen drei und zwölf Jahren betragen, die Regel waren sechs Jahre.

Die grenzen- und zügellose Jagdausübung von 1848 bis 1850 hatte eine starke Verminderung aller Wildbestände zur Folge. Das Rotwild, bis in das 18. Jahrhundert die wichtigste Nutzwildart, wurde auf vielen Vorkommensflächen ausgerottet und, wo möglich, in die Gebirgswaldungen zurückgedrängt. Erhalten blieben Rotwildbestände in den Gatterflächen des Adels. Eine solche Einrichtung fehlte im Eichsfeldbereich. Hier trat nur vereinzelt aus dem angrenzenden hessischen Gebiet Rotwild als Wechselwild auf. In dem an das Eichsfeld angrenzenden Gebiet, auf der Gobert, entstand 1906 das Knoop'sche Rotwildgatter, aus dem vereinzelt Rotwild in angrenzende Bereiche entkam. Einzelheiten hierzu im Abschnitt „Jagdbares Wild“.

Durch das nunmehr bestehende Reviersystem mit einheitlichen Jagdgebieten kam es durch gezielte Hegemaßnahmen und die Einhaltung der Schon- und Schusszeiten beim Rehwild sehr bald wieder zu einer Bestandserhöhung. Auch wegen der Trophäe trat das Rehwild an die bisherige Stelle des Rotwildes. Rothirschgeweihe, über Jahrhunderte erlegt und gesammelt, hängen auch heute noch an den Wänden der Jagdschlösser oder auch in anderen adligen Gebäuden. Rehbockgehörne als jagdliche Erinnerungsstücke sammelten sich in den Wohnzimmern der Jagdberechtigten und demonstrierten jagdliches Können.

Schloß Schwarzburg um 1910. Gemälde von Paul Wilhelm Tübbecke (1848–1924).

Schloß Schwarzburg um 1900. Ansichtskarte Kunstverlag v. Richard Zieschank, Ronneburg.

Schloß Schwarzburg um 1900. Ansichtskarte vom Verlag Albert Jahn, Schwarzburg.

Schloß Schwarzburg um 1900, Kaisersaal.

Schloß Schwarzburg um 1900, Blick in den Corridor.

Der montröse 26endener erlegt vom Fürsten Günther zu Schwarzburg. Ansichtskartennstalt Bernhardt.

Der Feldhase und das Rebhuhn fanden durch den Bevölkerungszuwachs bedingte Zunahme kleinparzellierter Ländereien günstige Lebensbedingungen und damit eine starke Vermehrung. Sie rückten damit in die vordere Reihe des Nutzwildes. In vielen waldlosen oder waldarmen Niederwildrevieren wurden sie zur Hauptwildart.

Wildschweine 1905 am Eberstein im Schwarzatal. Ansichtskarte von der Keyssnersche Druckerei Meiningen.

Verbunden mit dem allgemeinen wirtschaftlichen Aufschwung in der zweiten Hälfte des 19. Jahrhunderts und um die Jahrhundertwende reiften auch auf der jagdlichen Ebene zunehmend wissenschaftliche Erkenntnisse.

Im angrenzenden Thüringen waren mehrere Rotwildgatter vorhanden. Der „Schwarzburger Tiergarten" wird schon 1463 erwähnt. Er besaß eine Flächengröße von insgesamt 1094 ha, davon 942 ha Rotwildgatter.

Jagdschloß Paulinzella der Fürsten Schwarzburg-Rudolstadt in Paulinzella.

Die Fürsten von Schwarzburg-Rudolstadt und Schwarzburg-Sondershausen unterhielten mehrere Wildgatterreviere. Die ersteren neben dem „Schwarzburger Tiergarten" von 1646 bis 1665 einen solchen im Hain bei Rudolstadt und von 1675 bis 1848 am Wurzelberg bei Neuhaus im Thüringer Wald. Die Sondershäuser Linie unterhielt in der Windleite ein sehr großes Rotwildgatter, welches 1820 unter großem Aufwand in die Hainleite bei Sondershausen umgesiedelt wurde, wo es bis 1918 verblieb und im selben Jahr letztendlich in das Gatterrevier „Langewiese" im Bezirk Gehren verfrachtet wurde. Die Größe dieses Wildgatters betrug 5000 ha. Rotwild als Standwild in freier Wildbahn war damals über den gesamten Thüringer Wald verbreitet. Isolierte Standwildvorkommen gab es im Kyffhäusergebirge und kleinflächig in der Rhön. Ein kleines Gatterrevier von 1400 ha Größe befand sich in Zillbach. Im an das Eichsfeld angrenzenden hessischen Gebiet gab es noch Rotwildbestände im Kaufunger und im Reinhardswald.

Man hatte die jagdbaren Tiere in zwei Klassen eingeteilt, in Nutz- und Raubwild. Schädlinge waren die Tiere, welche für den Menschen nützliche Produkte verzehrten oder Haustiere töteten. Dabei können die Begriffe Nutz- und Raubwild nicht präzise abgegrenzt werden. So können z.B. Dachs und Mäusebussard in einzelnen Standorten mehr nützlich als schädlich sein, wobei doch beide als Raubwild verfolgt wurden. Durch das Ausrotten einzelner Raubtierarten wird das Gleichgewicht in der Natur erheblich gestört.

Die historische Fasanerie, heute als Gastwirtschaft genutzt. Ansichtskarte von 1974. Foto: Hoffmann

Als sich ab Mitte des 19. Jahrhunderts der Prozess der Industrialisierung in Mitteleuropa mit immer rascherem Tempo vollzog, wurden viele Naturschönheiten zerstört, eine Anzahl von Tier- und Pflanzenarten ausgerottet und das Landschaftsbild negativ verändert. Mahnende Stimmen wurden laut und es entstand eine aktive Naturschutzbewegung. Zu den hauptsächlichen Vertretern dieser Pioniere zählten Ernst Rudorff, Hugo Conventz, Walter Schoenichen und Hermann Löns, der auch ganz speziell auf die jagdlichen Probleme dieser Zeit einging. Hermann Löns war leidenschaftlicher Jäger und Vorkämpfer des Naturschutzes. Geboren 1866 in Kulm bei Graudens war er Redakteur, Schriftsteller, Dichter und ein hervorragender Naturkenner und Naturschilderer. Bedeutend sind seine Verdienste um Naturschutz, Jagd und Hege.

Er war es, der schon um die Jahrhundertwende die Notwendigkeit erkannte, Natur und Umwelt zu bewahren, und der auf die fortschreitende Zerstörung durch den Menschen aufmerksam machte.

Die Naturschutzbewegung innerhalb der Jägerei wurde vor allem durch ihn propagiert. Er hat dem deutschen Jäger einen neuen Maßstab für das Jagen gegeben:

„Das Schießen allein macht den Jäger nicht aus, wer weiter nichts kann, bleibe besser zu Haus. Doch wer sich ergötzet an Wild und Wald, auch wenn es nicht blitzet und wenn es nicht knallt, und wer noch hinauszieht zur jagdlosen Zeit, wenn Heide und Holz sind vereist und verschneit. Wenn

Bücher von Hermann Löns. „Kraut und Lot“, Soltau 1921 und „Jagd und Naturschutz“, Hannover 1991

mager die Äsung und bitter die Not und hinter dem Wilde einherschleicht der Tod, und wer ihm dann wehret, ist Waidmann allein. Der Heger, der Pfleger kann Jäger nur sein. Wer nur um das Schießen hinausging zur Jagd, zum Waidmanne hat er es niemals gebracht."
Ganz speziell den Jägern gewidmet ist sein 1921 erschienenes Buch „Kraut und Lot". Dies könnte auch heute noch zur Pflichtliteratur für Jungjäger dienen. Auf Initiative der Landesjägerschaft Niedersachsen erschien 1991 ein wesentlich erweiterter Neudruck von Hermann Löns Buch „Jagd und Naturschutz". Seine sehr zahlreichen Veröffentlichungen, die einen sehr großen Leserkreis fanden, erreichten Auflagen in die Hunderttausende. Letztendlich wurde auch eine Anzahl Volkslieder zu ausgesprochen beliebten Jägerliedern. Das Hauptjagdgebiet von Hermann Löns war die Lüneburger Heide.

Gegen Ende des 18. Jahrhunderts und in den ersten Jahrzehnten des 19. Jahrhunderts kam es auf jagdlicher Ebene zu grundlegenden Erkenntnissen und Veränderungen. Zum ersten mal wurden die Auswirkungen der Jagd aus biologischer Sicht begriffen. Es wurde versucht, das Waidwerk gemäß naturwissenschaftlicher Erkenntnisse zu betreiben. Auf gesetzlichem Wege wurde „das Auslegen von Selbstschüssen, das Fangen von Wild in Schlingen und die Errichtung von Wildzäunen mit spitzen Stakenenden" verboten.
Im Widerstreit der Meinungen, in der vergleichenden Beobachtung aus vielen Wildbahnen über Jahrzehnte ausgelegt und der gesamten Jägerei zugänglich gemacht zu haben - dieses Verdienst kommt aber hauptsächlich nur einem Mann zu, dem Oberförster Ferdinand von Raesfeld. Er prägte den Begriff „Hege mit der Büchse". Zu Raesfelds Grundsätzen zählte:

- Altwerdenlassen gut entwickelter und Ausmerzen geringer Stücke
- Auf Rot- und Rehwild bezogen soll der Abschuss sich auf alles kranke, schwache und überalterte Wild erstrecken.
- Bezüglich der Höhe der Wildbestände sollte keine größere Anzahl vorhanden sein als die gegebenen Verhältnisse zu erhalten vermögen.

Der Begriff „Hege mit der Büchse" wurde allseits mit Begeisterung von den Jägern angenommen.
Raesfeld war einer der bedeutendsten deutschen Jagdschriftsteller. Seine Hauptwerke waren 1899 „Das Rotwild", 1906 „Das Rehwild" und 1914 „Die Hege in der freien Wildbahn". Als einer der ersten aktiven Jäger forderte er 1919 den Schutz des Raubwildes. Er war ein fanatischer Vorkämpfer für waidgerechtes Jagen, auf dessen Lehren unsere ganze heutige Jagdauffassung beruht. Der hauptsächliche Wirkungsbereich des Altmeisters Ferdinand von Raesfeld war von 1881 bis 1913 das Jagdrevier auf dem Darß im Forstamt Born.
In der bürgerlichen Jagd erfuhr die jagdliche Literatur einen beachtlichen Aufschwung. Zu den bedeutendsten Jagdschriftstellern zählte auch Karl Emil Diezel. Sein Spezialgebiet war die Niederjagd. Sein Hauptwerk „Erfahrungen auf dem Gebiete der Niederjagd" erschien 1849. Es förderte die Entwicklung der Bürgerlichen Jagd und erschien bis zur Gegenwart in mehr als zwanzig Auflagen.

Der Anspruch auf Wildschadensersatz wurde erst 1891 durch Gesetz geregelt.
Verbunden mit dem wirtschaftlichen Aufschwung erwarb das beruflich aktive Wirtschafts- und Bildungsbürgertum die jagdliche Betätigung als Freizeitgestaltung. Dies waren überwiegend die wohlhabenden Bevölkerungskreise. Im Jahr 1900 hatte sich die Zahl der

Jagdberechtigten auf 260.000 vergrößert. Eine neue Jagdordnung wurde ab dem 15. Juli 1907 wirksam. Diese beinhaltete eine Neuregelung der Schonzeiten entsprechend der erworbenen neuen Erkenntnisse. Ab 1918 wird für den Erwerb eines Jagdscheines eine Jägerprüfung gefordert. An Versuchen, Lanzen für eine sinnvolle Wildhege zu brechen, unternommen von einsichtigen Tierschützern und Jägern, hat es nicht gefehlt. Der Naturschutz erreichte Breitenwirkung. Die Notwendigkeit einer straffen gesetzlichen Neuregelung des Jagdwesens wurde aktuell. Das Gefühl der Verantwortung für die Natur wurde jagdliches Allgemeingut. In Thüringen erreichte die „Thüringische Jagdordnung" vom 27. April 1926 Vorbildcharakter. Sie beinhaltete alle Grundsätze, derer ein Jagdrecht bedarf.

Preußen war in der Zeit der Weimarer Republik nicht in der Lage, trotz des Drängens der Jagdverbände ein einheitliches Jagdgesetz zu schaffen. Bis 1934 galt die alte „Preußische Jagdordnung" von 1907.

Grundlagen für das spätere „Reichsjagdgesetz" waren bereits seit 1925 vorhanden. Der Oberforstmeister Ulrich Scherping und der Landwirtschaftsminister Otto Braun waren hier vorrangig tätig. Braun, selbst begeisterter Jäger, erließ 1929 eine „Tier- und Pflanzenschutzverordnung", nach der u.a. der Schrot- und Postenschuss verboten und sinnvolle Schonzeitregelungen eingeführt wurden. Das Bestreben nach einem geordneten Jagdwesen im Sinne der bürgerlichen Jagdkultur wurde auch von vielen Jägern gewünscht und gefordert. Am 18. Januar 1934 wurde das „Preußische Jagdgesetz" erlassen, welches unter Hermann Göring in das „Deutsche Reichsjagdgesetz" umgewandelt wurde und ab 1. April 1935 in Kraft trat. Damit wurden 17 verschiedene Ländergesetze aufgehoben. Das gesamte Jagdwesen kam nun in straffe gesetzliche und organisatorische Formen. Reichsjägermeister wurde ab 1934 Hermann Göring, Oberstjägermeister wurde Ulrich Scherping. Regional gab es Land-, Gau- und Kreisjägermeister.

Das Reichsjagdgesetz war vorbildlich, weil es ausschließlich von erfahrenen Fachleuten vor 1933 geschaffen worden war und die Hege erstmalig vorschrieb. Hier Ausschnitte aus dem Wortlaut:

§ 1: Mit dem Jagdrecht ist die Pflicht zur Hege verbunden.

§ 2: Die Hege hat das Ziel der Erhaltung eines den landschaftlichen und landeskulturellen Verhältnissen angepassten artenreichen und gesunden Wildbestandes sowie die Pflege und Sicherung seiner Lebensgrundlagen.

Zum Inhalt gehörte die Organisation der gesamten Jägerei. Neben der Forderung nach allseitiger Weidgerechtigkeit wurde die Einführung eines Abschussplans gefordert sowie die Erhaltung eines der Landeskultur angemessenen Wildbestandes. Das Übungsschießen wurde für jeden Jagdberechtigten zur Pflicht erklärt, die Jagdscheinerwerbung nur nach Prüfung.

Das Bundesjagdgesetz von 1952 baute auf den vom Reichsjagdgesetz geltenden Bestimmungen auf. Auch im Jagdgesetz der DDR von 1953 sind passende Teile übernommen worden.

II. Die Jagd in der DDR

Nach der Beendigung des 2. Weltkrieges am 8. Mai 1945 besetzten die Alliierten Deutschland und teilten es in 4 Besatzungszonen auf. Zur sowjetischen Besatzungszone gehörten Mecklenburg, Brandenburg, Sachsen-Anhalt, Sachsen und Thüringen. Mit der bedingungslosen Kapitulation wurde in der Sowjetzone die bis dahin bestehende Jagdorganisation des Reichsbundes deutscher Jägerschaft restlos beseitigt. Alle Jagd- und Schusswaffen mussten bei der sowjetischen Besatzungsmacht abgeliefert werden und wurden größtenteils zerstört. Es fand keine geregelte Jagd und keine Bewirtschaftung der Wildbestände mehr statt. Es blieben lediglich die Pachtverträge aus der Zeit vor 1945 in Kraft. Die Ausübung der Jagd musste ohne Schusswaffen mit anderen gesetzlich gegebenen Mitteln und Methoden erfolgen. Da das Schwarzwild sich sehr vermehrt hatte und umfangreiche Schäden in der Landwirtschaft verursachte, wurden von Pächtern vielerorts Fallgruben und Saufänge mit Holzwänden angelegt. Stellenweise griffen Bürger zur Selbsthilfe und versuchten nach mittelalterlicher Methode mit Hundemeute und Saufeder der Lage Herr zu werden. Eine merkliche Veränderung der Situation blieb allerdings aus. Der Raubwildfang blieb für die Pächter, die nicht aufgegeben hatten, wie altersher möglich. Die großen Wildschäden in der Landwirtschaft, die insbesondere durch die ungehemmte Vermehrung des Schwarzwildes auftraten, zwangen aber dazu, zunächst provisorische Lösungen zu finden. Um die katastrophale Ernährungslage der Bevölkerung zu sichern und zu verbessern erlaubte die Besatzungsmacht im September/Oktober 1948 die Bildung von Jagdkommandos unter Leitung der örtlichen Polizeiorgane. Zur Verfügung standen eine geringe Zahl Jagdgewehre mit glatten Läufen und die dazugehörende Munition. Die Übergabe der Jagdflinten an vertrauenswürdige Personen zur Ausübung der Jagd erfolgte durch Angehörige der Volkspolizei für den Zeitraum der Jagd, der stundenweise beschränkt war. Die erwünschten Erfolge in der Schwarzwildbekämpfung blieben aus, ja der Bestand vermehrte sich noch. Wohl durch diese Situation bedrängt erließ Marschall Schukow den Befehl Nr. 98 vom 1. Juli 1948 über „Maßnahmen zur Bekämpfung von Wildschweinen". Die Deutsche Verwaltung des Inneren und die Hauptverwaltung Land- und Forstwirtschaft gaben dazu am 1. Oktober 1948 Durchführungsbestimmungen heraus. Jeder Landkreis bildete ein Jagdkommando und hatte einen politisch zuverlässigen Personenkreis für den Einsatz auszuwählen. Die Jagdkommandos durften bei der Jagdausübung bis zu 20 Jäger stark scin. Die bereit gestellten Doppelflinten waren Eigentum der Polizeibehörde des Landkreises. Sie wurden jeweils für die Dauer der Jagd an die Jagdkommandos ausgegeben. Diesen Jagdkommandos gehörten bewährte ältere Forstleute und erfahrene Jäger wie auch vertrauenswürdige Bürger an. Sie brachten viel Schwarzwild zur Strecke, zu einer endgültigen Beseitigung der landwirtschaftlichen Schäden kam es jedoch nicht. Der Befehl 98 wurde als nicht ausreichend wirksam 1949 wieder aufgehoben. Nach dem Befehl 63/49 vom 8. Juli 1949 der Deutschen Verwaltung des Inneren sollten nur weidgerecht jagende Volkspolizisten mit guten Ortskenntnissen an den Jagden teilnehmen. Zum Ärger der Jäger wurden nur kollektive Ansitz- und Treibjagden mit geringen jagdlichen Strecken durchgeführt.

Ab August 1952 wurden die Jagdkommandos durch den Einsatz von Förstern und Waldarbeitern verstärkt.

1952 Jagdkommando Kreis Worbis. Revier Großbartloff, Strecke: 1 Keiler und 1 Hase. Treiber kniend hinter Keiler: V. l. Herbert Degenhard, Karl Gerbing und Leopold Grosch. Jäger v. l. Rolf Otto, Herlmut Schröter, Volkspolizist, Werner Barthel, Werner Schulz, Wilhelm Mock und Förster Schön.

Im August 1953 wurden dann die Jagdkommandos der Volkspolizei aufgelöst und entsprechend dem am 25.11.1953 in Kraft getretenen „Gesetz zur Regelung des Jagdwesens" in der DDR die Jagdausübung der Gesellschaft für Sport und Technik übertragen. [27] Die Jagdorganisation lief sehr zögerlich an und war vom Vorhandensein jagdlich interes-sierter Mitglieder abhängig. Außerdem war die politische Zuverlässigkeit eine wichtige Voraussetzung für die Aufnahme in das Jagdkollektiv. Zur Mitgliedschaft im Jagdkollektiv gehörte die Teilnahme an einem jagdlichen Ausbildungslehrgang mit abschließender Prüfung.

1958 GST Drückjagd Westerwald. Strecke: 1 Keiler.

Zur Ausübung der Jagd wurden die politischen Kreise in Jagdgebiete aufgeteilt, die der Kreisjagdbehörde unterstellt wurden. Unmittelbar nach Erlass des Gesetzes wurde die staatliche Leitungsstruktur ins-gesamt festgelegt. Als Leiter der GST-Jagdgemeinschaften wurde ein Jagdgebietsverantwortlicher bestimmt, bei dem die vorgegebene Anzahl an Jagdwaffen mit glatten Läufen in einem sicheren Waffen-schrank vorhanden waren.

Durch ihn erfolgte die Ausgabe der Jagdgewehre an Inhaber von Jagdteilnahmescheinen. Die Jagdausübung erfolgte in einer Kollektivjagd oder in Einzeljagd beschränkt auf 24 Stunden. Auch die Ausstellung von Wildursprungsscheinen und die Ausführung von geforderten Büroarbeiten zählten zu seinen Aufgaben. Verantwortlich war er auch für die Erfüllung der Abschusspläne und die Anleitung der Jagdberechtigten für die Raubwild- und Raubzeugbekämpfung. Nach aktivem Einsatz der GST-Jagdkollektive war nach Ansicht der Obersten Jagdbehörde im März 1960 dem weiteren Anwachsen der Schalenwildbestände Einhalt geboten, obwohl der Abschussplan nur mit rund 66% erfüllt wurde.

1958 GST Drückjagd. V. l. Scheilel, Rolf Otto, Retri, Wilhelm Mock und Siegfried Mock.

1958 GST Drückjagd Westerwald. Jagdkollektiv Wachstedt-Großbartloff-Effelder.

Die erste zentrale Jagd- und Trophäenschau der DDR fand 1959 in Leipzig-Markleeberg statt. Die Zahl der Jäger, Hundeführer und Falkner betrug damals 27.500.

Schrittweise kam es in den 1950er Jahren zu Verbesserungen für die Jagdausübenden. So wurde die Ausleihe der Jagdwaffen zur Einzeljagd von einem auf zwei Tage verlängert. Vereinzelt wurde der Erwerb einer Jagdflinte Einzelpersonen erlaubt, bevorzugt geschah dies für das Forstpersonal.

Mit der 8. Durchführungsbestimmung vom 14. April 1962 erfolgte eine Neuordnung des Jagdwesens in der DDR. Die Jagdbewirtschaftung wurde an die Staatlichen Forstwirtschaftsbetriebe übertragen. Die Jagdgemeinschaften der GST wurden in Jagdgesellschaften überführt. Für das Obereichsfeld waren dies:

Südeichsfeld,	*Uder,*	*Leinetal,*
Dün,	*Dingelstädt,*	*Leinefelde und Worbis,*
Wachstedt		

In der Jagdgesellschaft Wachstedt waren die früheren Jagdgebiete Effelder, Großbartloff und Wachstedt vereint. Für alle jagdwirtschaftlichen Aufgaben und deren materielle und finanzielle Sicherstellung waren die Staatlichen Forstwirtschaftsbetriebe zuständig. Da das Wild Volkseigentum war, wurde es beim Staatlichen Forstwirtschaftsbetrieb abgeliefert und verwertet. Vom erlegten Wild standen den Jagdgesellschaften zu:

- vom Rot-, Dam-, Muffel- und Rehwild 20% des aufgebrochenen Gewichtes
- vom Schwarzwild 30% des aufgebrochenen Gewichtes
- von Hasen, Wildkaninchen und Fasanen 30% der erlegten Stückzahl
- von Wildgänsen, Enten sowie Schwänen 40% der erlegten Stückzahl

Die Trophäen und das Geräusch (Lunge, Leber, Herz) gehörten dem Erleger.

Wie überall in Europa war auch in der DDR die Tollwut in der Fuchspopulation stark verbreitet. Neben der Fuchsjagd mit der Waffe und mit Falle wurde ab 1972 die flächendeckende Fuchsbaubegasung mit Schwefelkohlenstoff durchgeführt. Die Fuchsbaubegasung wurde 1978 eingestellt und verstärkt auf die Gewinnung von Rauchwerk orientiert. Um die Fuchsstrecke zu erhöhen wurde mit der Durchführungsbestimmung vom 24. März 1984 im Hinblick auf die immer noch vorkommenden Tollwutfälle die Erlegerprämie erhöht. Die Jagdberechtigten hatten somit die Möglichkeit, durch die Bejagung von Haarraubwild zusätzliche Prämien zu erlangen.

Ab 1984 waren folgende Erlegerprämien gültig:

Fuchs vom 1.10. bis 30.4. gefangen	150 Mark
Fuchs vom 1.10. bis 30.4. geschossen	100 Mark
Jung- und Sommerfüchse vom 01.05. bis 30.09.	50 Mark
Marder vom 1.10. bis 31.3. gefangen	50 Mark
Marder vom 1.10. bis 31.3. geschossen	40 Mark
Mink und Iltis vom 1.10. bis 31.3. gefangen	35 Mark
Mink und Iltis vom 1.10. bis 31.3. geschossen	25 Mark
Marderhund und Waschbär 1.10. bis 31.3. gefangen	30 Mark
Marderhund und Waschbär 1.10. bis 31.3. geschossen	20 Mark

Fang- und Erlegerprämien gab es auch für Raubzeug:
Wildernde Katzen ganzjährig 6 Mark
Wildernde Hunde ganzjährig 4 Mark

Um die Schwarzwildbestände zu reduzieren waren für den Jäger laut Gesetz Frischlinge bis zu einem Gewicht von 10kg (aufgebrochen) nicht ablieferungspflichtig.

IV. Das jagdbare Wild

Das Nutzwild

1. Auerochse oder Ur (*Bos primigenius*)

Der Auerochse, die Stammform des Hausrindes, hat jagdlich nur historische Bedeutung. Ursprünglich war sein Verbreitungsgebiet die gesamte gemäßigte Zone von Europa über Nordafrika, Vorderasien und ostwärts bis zur Küste des Chinesischen Meeres. Noch im ersten Jahrtausend der Zeitrechnung war er in den Wäldern des mittleren Europas vorhanden und zählte zum jagdbaren Wild. Die geschlossenen sumpfigen Waldgebiete Polens und Litauens waren für die verfolgten Ure die letzten Zufluchtsstätten. Zwischen dem 12. und 14. Jahrhundert verschwand der Ur in weiten Gebieten Mitteleuropas. Ende des 16. Jahrhunderts wurden die letzten wilden Ure im Waldgebiet von Jaktorowa, rund 50 km von Warschau entfernt, unter Schutz gestellt. 1620 war nur noch eine Kuh übrig, diese wurde 1627 gewildert.

2. Der Wisent (*Bison bonasus)*

Wisente. Foto von Darkone. https://de.wikipedia.org/wiki/Wisent#/media/Datei:Wisente_Bison_bonasus-cc.jpg

Der Wisent hat jagdlich gesehen nur historische Bedeutung. Ursprünglich von Spanien, Frankreich, Deutschland und weiter nach Osten hin neben dem Ur oder Auerochsen verbreitet, verschwand der Wisent in Deutschland im ausgehenden Mittelalter. Im 13. und 14. Jahrhundert hatte er sich auf das östliche Deutschland zurück gezogen. Die noch verbliebene ostpreußische Herde verringerte sich von 16 Stück 1741 auf drei 1742. Letztendlich wurde 1755 der letzte Wisent in Preußen durch einen Wilddieb getötet. Im örtlichen Anschluss hat der Wisent nur im Wald von Bialowiecz überlebt, wo er sorgsam gehegt wurde. Dort und in mehreren Zoos und Wildparks überlebte der Wisent bis zur Gegenwart.

3. Elch (*Alces alces*)

Der Elch war in früheren Jahrhunderten in unseren Gegenden fast überall verbreitet, jedoch im 12. Jahrhundert in größten Teilen von Deutschland schon ausgerottet. Als Einstandsgebiet bevorzugt er schwer zugängliche größere gewässernahe Waldgebiete. Um 1900 war er auf ein kleines Areal in Ostpreußen beschränkt, wo man damals noch 179 Stück zählte. Vor 1945 soll der Bestand dort noch mehr als 1000 Tiere umfasst haben. Im östlich angrenzenden Polen blieb ein stabiler Elchbestand bis zur Gegenwart erhalten. Auf uralten Wechseln gelangten von dort in letzter Zeit mehrfach einzelne Exemplare in ostdeutsche Bezirke. So wurde 1959 ein junger Elch im Kreis Stendal erlegt und 1962 ein Elch in der Gegend um Bautzen gestreckt. Auch in Tschechien erschien nach 400 Jahren wieder ein Elch, auch ein zweiter wurde beobachtet. Beide wurden abgeschossen.

4. Rotwild (*Cervus elaphus*)

Unser bodenständiges Rotwild war durch die Umwandlung der Landschaft seit dem Mittelalter, durch Waldrodungen, fortschreitende Kultivierung und intensive Bejagung im 18. und 19. Jahrhundert vielerorts bereits ausgestorben. Als königliches Wild wurde der Rothirsch das Lieblingsjagdtier des Adels. Um seine Bejagung auch weiterhin zu sichern legte man in geeigneten Gebieten Rotwildgatter an. Im Thüringer Bereich waren solche in Wilhelmstal, Gehren, Schwarzatal und auf dem Possen bei Sondershausen. Die beiden letztgenannten wurden 1918 aufgegeben, die anderen 1945. Als natürliche Rückzugsgebiete blieben der Harz, der Thüringer Wald und der Kaufunger Wald im angrenzenden hessischen Raum.

Im Eichsfeld verschwand das Rotwild bereits im 18. Jahrhundert. Im Jahre 1700 ist eine Hirscherlegung durch derer von Hanstein bei Uder nachgewiesen. Von Wildschäden im Kindesholz bei Beuren im Winter 1733/34 gibt es einen Nachweis über Schadenersatzforderungen. Auch im angrenzenden Mühlhäuser Bereich verschwand das Rotwild in dieser Zeit. So wurde 1608 ein aus dem Hainich kommender Hirsch beim Ammerschen Weinberg getötet. Im Dörnaer Wald kam 1633 ein Hirsch zur Strecke. In der Haart wurden 1645 vier Hirsche und 1650 noch ein Hirsch erlegt. Hier in der Haart gibt es 1748 noch einen Hinweis auf Rotwildvorkommen.

Seit dem 18. Jahrhundert galten das Obereichsfeld und der angrenzende Mühlhäuser Bereich als „Rotwildfreies Gebiet“. Bei vereinzelt vorkommenden späteren Rotwilderlegungen handelt es sich um als Wechselwild zugewanderte Stücke. Im Hainich kamen 1886 ein Hirsch und ein weibliches Stück im Schönstedter Wald zur Strecke. Ebenso wurde 1886 im Hülfensbergwald und 1892 in Büttstedt je ein Hirsch erlegt. Letzerer wurde geahndet, weil der Todesschuss mit Hasenschrot erfolgte.

Zeitbedingt kam es noch 1945 zu einem geschlossenen Rotwildvorkommen im Obereichsfeld. Die Ausbreitung wurde durch die waffenlose Zeitspanne nach Kriegsende begünstigt. Die Voraussetzungen für die Entstehung dieser Rotwildausbreitung kamen aus dem angrenzenden hessischen Raum.

Der Kaufmann Baron von Knoop erwarb 1897 das im Bau befindliche Schloss Rothestein bei Bad Soden-Allendorf. Nachdem 1902/03 durch Kauf weite Waldstücke hinzu kamen, erfolgte 1907/08 die Anlage eines umfangreichen Wildgatters für Rot- und Schwarzwild. Mit dem 1910 erfolgten Ankauf des angrenzenden Waldgutes Goburg mit 1500 Morgen Ackerland konnte Knoop sein Anwesen wesentlich erweitern und das Wildgatter vergrößern.

Die zum Gut Goburg gehörenden landwirtschaftlichen Flächen wurden aufgeforstet und das Gutshaus zur Försterwohnung gemacht, wobei eine zweite sich bereits im Schlossbereich Rothestein befand. Im Wildgatter wurde kaum Forstwirtschaft betrieben. Der Jagdbetrieb war vordergründig.

Schloß Rothenstein bei Bad Sooden-Allendorf seit 1897 im Besitz von Baron von Knoop. Das Waldgebiet wurde Wildgatter.

Der Abschuss der Geweihträger wurde überwiegend verkauft. Ein Rothirschgeweihende kostete 100 Mark. Seinen Förstern hatte Baron von Knoop den Hirschabschuss streng untersagt, sie durften nur beim Kahlwildabschuss mitwirken. In den 1920er Jahren kamen jährlich etwa 20 Hirsche zur Strecke. [28] Der Gesamtbestand betrug damals etwa 400 Stück bei einer Gattergröße von 6000 Morgen, was 1500ha entspricht.

Das Herrenhaus vom Gut Coburg wurde ab 1910 als Försterwohnung genutzt.

Der Förster Christian Munz, der von 1924 bis 1927 im Forsthaus Goburg wohnte, berichtete über sich mehrfach wiederholende Wilddiebereien. Der Wildgatterzaun musste täglich auf der gesamten Länge kontrolliert werden, da immer wieder Öffnungen und Beschädigungen am Zaun erfolgten. Bei einem abendlichen Reviergang war auf Förster Munz geschossen worden. Er begegnete der Bedrohung mit einem Schrotschuss in die gefahrdrohende Richtung. Die Wilddiebe kamen besonders aus dem nahen Volkerode, von wo Förster Munz nach dem Vorfall Drohungen erhielt. Unter diesen Voraussetzungen schien ein Revierwechsel angebracht. Dem kam der Gutsbesitzer Walter Wiersdorff aus Anrode entgegen. Er nahm den Revierförser Christian Munz, der ihn bei einem Hirschabschuss geführt hatte, in seine Dienste und übertrug ihm das Forstrevier Anrode.

In dem zusammenhängenden Waldbereich vom Höhberg über den Allendorfer Stadtwald, Forst Altenstein, Hörne bis zur Gobert gab es in den 1930er Jahren auch außerhalb des Knoopschen Gatters Rotwild in freier Wildbahn. Vermutlich gelangte dieses Rotwild durch Fremdeinwirkung in den 1920/30er Jahren aus dem Gatter. Allerdings kann auch eine Zuwanderung aus dem beständigen Rotwildvorkommen des angrenzenden Kaufunger Waldes nicht ausgeschlossen werden. Bei Dietzenrode wurde 1935 ein jagdbarer Hirsch erlegt. In den Wäldern bei Röhrig beobachtete man 1938 mehrfach ein Rotwildrudel, in dem auch Geweihträger waren. Zur gleichen Zeit wurde ein aus zwei Geweihten und 5 Stück Kahlwild bestehendes Rudel in der Pfaffschwender Flur bestätigt. Bei Vatterode wurden 1939 vier Rothirsche gesehen und im gleichen Jahr wurden durch Rotwild verursachte Flurschäden in Volkerode festgestellt. Während des 2. Weltkrieges beobachtete man mehrfach ein Rottier mit Kalb im Lengenberg und auch im Bereich des Westerwaldes gab es erste Rotwildbeobachtungen.

Im Jahre 1928 verkaufte Baron von Knoop das Schloss Rothestein mit dem gesamten dazu gehörenden Besitz an Dr. Georg Freiherr und Mechthilde Freifrau von Lünink. Mit dem Besitzwechsel ging die Vorrangigkeit des Jagdbetriebes zurück. Es wurde jetzt der Forstwirtschaft größere Bedeutung geschenkt und die mit Schälschäden und Rotfäule behafteten umfangreichen Fichten-Stangenhölzer eingeschlagen und vor Ort aufgearbeitet. Zu diesem Zweck wurde in der Nähe des Forsthauses ein Sägewerk angelegt. Von 1931 bis 1938 betreute dieses Geschehen der Revierförster Heinrich Bode, der auch im Forsthaus wohnte. [29]

Von 1943 bis 1945 diente das Forsthaus auch ausgebombten Menschen eines Altersheimes der Caritas Köln als Unterkunft. Es wurden hier 60 ältere Personen von 8 Zisterzienser-Schwestern betreut. Die einst ruhige Lage und Abgeschiedenheit auf der Gobert gehörte damit der Vergangenheit an.

Das Rotwild im Gatter wurde in dieser Zeit stark durch Abschuss reduziert. Dabei wurden die Zaunkontrollen vernachlässigt. Es gelangte Rotwild in größerer Zahl in die Freiheit und so breitete sich das Vorkommen nach allen Seiten aus. Das Kriegsende 1945 brachte das endgültige Ende des Wildgatters Gobert nach 37jähriger Existenz.

Der thüringische Teil der Gobert wurde sowjetische, der hessische amerikanische Besatzungszone. Das ehemalige Gutsgebäude fiel 1946 unter die Bodenreform und Umsiedler bewohnten als Neubauern das Forsthaus bis 1960. Wegen der unmittelbaren Grenznähe wurden von 1961 bis 1963 die Gebäude der Goburg abgerissen und ab 1962 als Grenzsicherungsanlage der DDR ein stabiler Grenzzaun über den Scheitel der Gobert gebaut. Damit war jeglicher Wildwechsel zwischen den Zonen total beendet.

Ab 1945 breitete sich das Rotwild beiderseits der hessisch-thüringischen Grenze ohne jegliche direkte Bejagung ungehindert aus. Dies betraf auf der thüringischen Seite das gesamte Südeichsfeld und Teile des Obereichsfeldes. Hier kam es zu einem zusammenhängenden Rotwildeinstandsgebiet von der Gobert über den Allendorfer Stadtwald bis zum Höhbergbereich und im Obereichsfeld vom Westerwald bis zum Heiligenstädter Stadtwald. Der Westerwald wurde mit mehr als 2000 ha zusammenhängender Waldgröße und einer Anzahl von Dickungs- und Jungwuchsflächen zu einem Haupteinstandsgebiet dieser neu entstandenen Rotwildpopulation. Hier kam es bei einer extrem hohen Wilddichte in einem Zeitraum von fast 10 Jahren zu keiner regulären Bejagung. Die Folge waren auftretende Wildschäden im Forst und vereint mit dem gleichfalls stark vermehrten Schwarzwild auch in der Landwirtschaft.

Im Thüringer Raum ist das Rotwild wieder in den meisten ihm zusagenden Biotopen, vorwiegend in größeren geschlossenen Waldgebieten, vertreten. So ist es im Hainich, wohin es einwechselte, und hier besonders im Südhainich sehr zahlreich. Auch im Bereich des Kyffhäusers und in der Hainleite bis zum Dün erfolgte eine Ausbreitung. Hier ist das Rotwild zumindest als Wechselwild vorhanden.

Langfristig wurden im Bereich des Harzes durch Dürre, Borkenkäfer und andere Einflüsse viele Waldflächen großflächig geschädigt und sind so kein Lebensraum für Rotwild mehr. Über den Südharz, in dem Laubwald vorherrscht, wechselte das Rotwild in die südlich angrenzenden Gebiete bei Weilrode und Bockelnhagen bis Trebra im Forstbereich Königstal. Bei einer Drückjagd im zuletzt genannten Gebiet wurde am 11. Januar 2020 ein ganzes Rotwildrudel zur Strecke gebracht. Angeblich waren es 10 Stück Rotwild, darunter sowohl Hirsche als auch Kahlwild.

Trophäen

Hirschgeweihe als Erinnerungsstücke sind in großer Zahl in Jagdschlössern und anderen Gebäuden des Adels über Jahrhunderte angesammelt vorhanden.

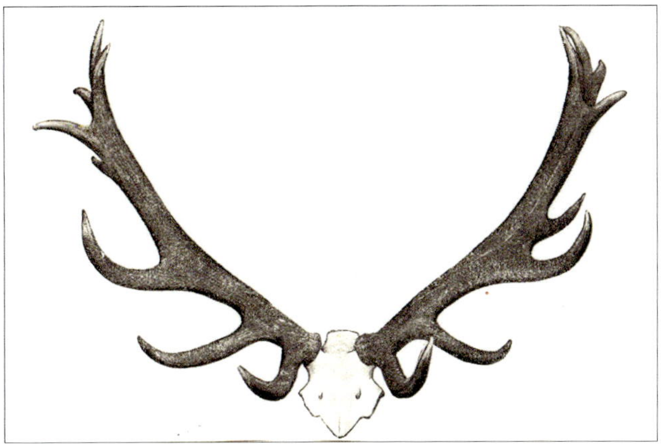

Sechzehnender erlegt am 17. August 1911 von Fürst Günther zu Schwarzburg Rudolstadt-Sondershausen in seiner geschlossenen Wildbahn Gehren, Oberförsterei Langewiesen. Die Trophäe erhielt auf der 18. Deutschen Geweihausstellung 1912 in Berlin einen „Ersten Kaiserbecher".

Links: Reinhardsbrunn, herzogliches Jagdschloss der von Coburg-Gotha – Hirschgalerie.

Der Hirschsaal der Fürsten von Schwarzburg-Rudolstadt-Sondershausen in Gehren, vor dem Abbrennen im September 1933. Die Ruine mit Schlossportal und Brunnen sind erhalten.

Mit der Rückkehr des Rotwildes im Eichsfeld nach 1945 bekam auch hier das Hirschgeweih als Erinnerungsstück eine entsprechende Bedeutung. Eine geringe Auswahl erlegter jagdbarer Rothirsche mit dem Erleger und der Bewertung:

1957, 8. Oktober, Bernhard Köhler Westerwald, 12ender, 176 Punkte.

1963, 4. Oktober, Erich Franke Westerwald, Dreistangenhirsch, ungerader 12ender.

1965, 30. September, Richard Hahne Westerwald, 10ender.

1967, 16. August, Edda Fritze Westerwald, 12ender, 163 Punkte.

1972, 29. September, Heinrich Mock Westerwald, 12ender, 168 Punkte.

1994, 27. August, Karl-Heinz Vollandt Pachjagd Küllstedt, 12ender, 193 Punkte, Silbermedaille.

1971, 13. August, Erich Franke Westerwald, 12ender.

1989, 23. November, Stephan Goldmann Westerwald, ungerader 18ender, 196 Punkte, Silbermedaille.

Rotwild erfolgreicher Jagdtag

1977, 26. September – Ein sehr erfolgreicher Jagdtag – 3 Rothirsche auf der Strecke.

Jagdteilnehmer bestaunen besonders den „Löwen von Brandkopf" (erster links).

Drei getreckte Rothirsche am Forsthaus Westerwald.

Drei Rothirsche im Hof der Revierförsterei Westerwald, bewacht vom Jagdhund des Verfassers.

Teilnehmer-Drückjagd Pfannberg, Strecke ohne Erleger?

Der Genickbruch – Rothirsch auf der Strecke.
Foto: Eduard Fritze

Die Trophäe hing viele Jahre im Vereinszimmer der Gastwirtschaft Schilling in Effelder.
Foto: Willi Mock

Foto links: Tödlichen Absturz Pfannberg.
Treiber Franz-Josef Meier als vermeintlicher Erleger.

Winterfütterung, wichtige Hegemaßnahme

Rotwildfütterung mit Kälberstall.
Foto: Werner Schäfer

Wildfütterung für alle Wildarten.

Zusätzliche Heubündel für alle Wildarten.

Futterkasten für Körnerfutter.

Futterraufe in den Waldrandbereichen, besonders für das Rehwild bedacht. Foto (4x): Eduard Fritze

Ein Plattkopf oder Mönch im Obereichsfeld

Ein ständig ohne Geweih vorkommender Hirsch wird als Plattkopf oder Mönch bezeichnet. Das seltene Fehlen des Geweihs kann erblich bedingt sein oder mit Überalterung zusammenhängen. Die Fortpflanzungsfähigkeit und das Brunftverhalten sind in der Regel nicht beeinträchtigt.

Nach einem Abendansitz im Westerwald kam durch Forstmeister Friedrich Brückner die Bestätigung eines Mönchs zur Sprache. Daraufhin wurden ohne Gäste im Jagdgebiet Wachstedt mehrere kleine Drückjagden veranstaltet. Alle Versuche, das betreffende Stück Rotwild zu erlegen, waren vergeblich. Der Mönch wurde nicht mehr gesehen. Die endgültige Lösung dieser Angelegenheit kam überraschend einige Wochen später. Der sehr aktive Jäger Josef Weber aus Effelder brachte die endgültige Klärung der „Mönchsangelegenheit". Er befand sich Anfang November morgens auf Ansitz in der Flur Effelder auf dem hoch gelegenen Bergrücken zwischen Effelder und Struth. Dabei hatte er die Möglichkeit, auch weite Teile der Feldflur von Büttstedt zu beobachten. Ein sich zügig nach Osten in Richtung Wilhelmswald bewegendes starkes Stück Rotwild war mittels Fernglas auch aus einer Entfernung von mehr als einem Kilometer zu erkennen. Josef Weber bäumte ab und schwang sich auf sein Moped. Über ein Stück Landstraße, mehrere Forstwege und letztendlich quer feldein erreichte er sein Ziel. Nach einer wohl einmaligen Verfolgungsjagd war er in günstiger Schussentfernung vor dem Waldrand des Wilhelmswaldes. Vor dem glücklichen Schützen lag ein älterer starker geweihloser Rothirsch. Wie sich später herausstellte, war es aufgebrochen ohne Haupt mit 201 kg Gewicht das stärkste im Eichsfeld erlegte Stück Rotwild zu diesem Zeitpunkt.

Hirschtragödien

Wetterextreme Schneehöhe, Eisglätte, Sturm

Nicht alle Rothirsche enden durch einen wohl gezielten Kugelschuss oder im Alter auf natürlichem Wege. Für einige endet das Dasein durch eine Hirschtragödie als Folge verschiedenartiger Ursachen. Im Bereich des Eichsfelder Rotwildvorkommens sind vier Fälle durch extreme Wetterereignisse bekannt geworden. Bei dem ersten Fall waren es gewaltige Schneeverwehungen im sehr strengen Winter 1962/63. Vom 18. bis 20. Januar 1963 tobte ein von Osten kommender Schneesturm, der meterhohe Verwehungen zur Folge hatte und normale Zustände teilweise zum Erliegen brachte. Am Ortsrand des Eichsfelder Höhendorfes Effelder waren eine Reihe von Wohnhäusern vollkommen von Schneemassen verhüllt. Nur durch Fenster im zweiten Stock konnte man die Wohnhäuser begehen.

Im Frühjahr 1963 fand im Bereich des Westerwaldes der zuständige Revierförster in einer größeren Abrissspalte im Muschelkalk der Thomasbrücke einen verendeten Rotspießer, der in diese Felsspalte gestürzt war und dort verendete. Eine genaue Ursache war nicht mehr zu klären. Am oberen Rand der etwa 2m breiten Abrissspalte stehen mehrere tief beastete Eiben. Vermutlich gelangte der Hirsch beim Äsen auf eine durch Schneeverwehung entstandene Wächte, die sich bei Belastung löste und das Stück Wild mit in die Tiefe riss.

Der gestreckte „Mönch“ und sein Erleger Josef Weber.

Der gewichtsmäßig stärkste Rothirsch im Obereichsfeld. Fotos (3): Willi Mock.

Die Stangenlänge etwa 10 cm lange Stumpfe.

Der zweite Fall ereignete sich im November 1963 bei einer Drückjagd mit 18 Teilnehmern im Forstrevier Westerwald, Bereich Hasenwinkel, Pfannberg, Schlossberg. Auf hart gefrorenem Boden hatte sich durch Eisregen Glatteis gebildet. Ein Rudel Rotwild flüchtete über den sehr steilen Westhang des Pfannberges. Dabei stürzte ein stärkerer Hirsch und schlitterte hangabwärts. Etwa in Hangmitte endete die Rutschpartie an einer starken Buche, indem sich Haupt und Geweih im Zusammenstoß dort festhakten. Ein tödlicher Genickbruch war die Folge. Der Treiber Franz-Josef Meier war als Erster am Ort des Geschehens und schnitt aus Sicherheitsgründen die Kehle durch. Damit fühlte er sich als Erleger des Hirsches. Die Trophäe wurde ihm aber nicht überlassen. Sie hing viele Jahre in Effelder in unserem Vereinszimmer in der Gaststätte Schilling.

Bei orkanartigen Stürmen, bei denen auch Bäume zu Fall kamen, sind nachweislich im Bereich Westerwald zwei Hirsche von umstürzenden Bäumen erschlagen worden. Bei einem Gewitterunwetter am 19.Juli 1966 bildete sich eine Trombe, die von Ost nach West den Ort Küllstedt und den Bereich des Westerwaldes überquerte. In Küllstedt wurde der Kirchturm abgebrochen, im Westerwald verursachte der Sturm 12.000 m^3 Wurf- und Bruchholz. Im Forstrevier Wachstedt, Abteilung 82, in der der Buchenaltholzbestand zu etwa 90% geworfen wurde, fand man später bei der Aufarbeitung des Schadholzes die Überbleibsel eines jungen Hirsches.

Am 3.Dezember 1999 verursachte ein orkanartiger Sturm zahlreichen Windwurf, bei dem auch das Revier Großbartloff betroffen war. Kurze Zeit später wurde dort bei einer Drückjagd des Heiligenstädter Forstamtes ein von einem Baum erschlagener jagdbarer Kronenhirsch gefunden.

Geweihverhedderung

Eine nicht selten vorkommende Form der Hirschtragödien ist das Verheddern des Geweihs mit Drahtsträngen, elektrischen Weidezäunen, Ästen und ähnlichen Gebilden.

Im Juni 1965 fanden Küllstedter Himbeersammler im Bereich des Westerwaldes in einem in Verjüngung stehenden Buchenaltholz am Unterhang zum Steingraben gegenüber der Bullenwiese einen auf tragische Weise zu Tode gekommenen Rothirsch. Haupt und Geweih waren mit einem Astholzstück und vielfach mit einem Drahtstrang umwickelt und dieser Drahtstrang wurde in etwa 40 m Länge nach geschleift.
Der zuständige Revierförster, dem zufällig eine Schulklasse der Polytechnischen Oberschule im Unterrichtstag in der Produktion zur Verfügung stand, beendete durch Eingraben diese tragische Situation.

Zu einem ähnlichen Fall, allerdings mit gutem Ende, kam es in den letzten Maitagen 2013 im Rotwildgehege des Mühlhäuser Stadtwaldes. Auch hier war ein Ast durch die Verhedderungsmasse am Haupt mit dem Geweih eng verbunden und erschwerte Äsen und Sicht. Der Hirsch sah wohl in dem Gehegezaun einen gefährlichen Rivalen. Er konnte durch menschliche Hilfe von der Verhedderungsmasse befreit werden und entging so seinem tragischen Ende.

Unfälle – Rothirsche

Rothirsch von einem umgestürzten Baum erschlagen.
Westerwald Forstrevier Großbartloff.

Erkenntlich ist ein kapitaler Kronenhirsch.
Fotos(2x): Gabriele Koch

Ein durch Verhedderung mit einem Drahtstrang verendeter Rothirsch.

Eine Schülergruppe half bei der Beerdigung am Unglücksort.

Es erfolgte eine sanfte Versenkung.
Fotos (3x): Eduard Fritze

1970. Der geforkelte kapitale Zwölfender. V.l. Heiko Henning, Frank Henning, Daniel Döring, Ilona Heerweig mit Adrian Homeier, Anette Heerwig, Doreen Henning, Jens Montag, Christian Dörlich, Mike Strecker, Heidrun Buchardt und Rainer König.
Anton Offak / F.A.Heerwig.

Fritz Radeck zeigt uns das Geweih des geforkelten Zwölfenders, das er inzwischen präpariert hat. *Foto: Dittrich*

Ein Zwölfender geforkelt

1970

„Schauen Sie sich dieses Geweih an, der Hirsch ist nicht von einem Weidmann zur Strecke gebracht worden, sondern er wurde von einem Rivalen in der Brunftzeit während eines Kampfes getötet. Wir Jäger sagen dazu, er wurde zu Tode geforkelt. Unser Jagdleiter Otto war an dem Abend in der Nähe des Kampfplatzes auf dem Ansitz."

Mit diesen Worten machte uns der Weidgenosse Fritz Radek aus Großbartloff neugierig, und so fragten wir den Jagdleiter Rolf Otto und ließen uns seine Eindrücke von diesem Zweikampf schildern.

„Es war der letzte Sommertag, der 22. September, gegen 18.00 Uhr, als unweit von meinem Hochsitz im ‚Wolfenthal' zwei Hirsche schreiend auf mich zuzogen. Zuerst sah ich nur den einen, es war ein 6- bis 8jähriger Zwölfender, doch plötzlich trat auch der andere Hirsch, ein starker Vierzehnender, aus der Dickung. Bei ihm waren einige weibliche Stücke, der Jäger nennt sie Kahlwild. Beide Hirsche zogen schreiend aufeinander zu, und es kam zum Kampf. Krachend schlugen die Geweihe ineinander, blitzschnell wurde zugestoßen und wieder auseinandergegangen. Nur etwa 30 m von mir entfernt erlebte ich dieses herrliche Schauspiel urwüchsiger Kraft. Bemerkenswert war, daß der Zwölfender, also der Schwächere, sich immer wieder zum Kampfe stellte und nicht aufgab. Doch nach etwa 5 bis 10 Minuten, die Zeit kam mir viel länger vor, ließen beide Hirsche voneinander ab, ohne daß einer Sieger war. Der Zwölfender zog schreiend unter meinem Hochsitz vorüber, während der stärkere Hirsch sich um das weibliche Wild kümmerte und mit diesem aus meinem Blickfeld entschwand. Es dauerte aber nicht lange, da hörte ich die beiden Rivalen wieder kämpfen, ungefähr 100 Meter von mir entfernt an einem Hang. Das Schlagen der Stangen durchbrach die Stille des Waldes, doch dann wurde es plötzlich ruhig, kein Schrei und kein Schlag mehr. In diesem Augenblick mußte es geschehen sein, denn etwa 20 Meter vom letzten Kampfplatz entfernt wurde der Zwölfender mit einem Stich in die Niere verendet aufgefunden. Ich nehme an, daß die langen geraden Augsprossen des Vierzehnenders unglücklich getroffen hatten. Daß dieser Zweikampf so ausging, hätte ich wirklich nicht gedacht."

Nach dieser Schilderung fragten wir: „Weshalb gaben Sie keinen Warnschuß ab, schließlich kann doch dieser Kampf schwere Folgen hinterlassen. In diesem Kampf ist sogar einer geforkelt worden?"

Der Jagdleiter lächelt und meint: „Nur selten kommt es vor, daß dabei ein Hirsch getötet wird, und hier handelt es sich sogar um zwei Kronenhirsche. Meistens flüchtet der Schwächere rechtzeitig. Was sollte ich mit einem Schuß erreichen, zumal beide keine Abschußhirsche waren? Es ist ein Gesetz der Natur, daß während der Brunftzeit sich die Hirsche bekämpfen, denn nur der Stärkere soll sich möglichst vererben."

Zeitung 1970.

Tod durch Forkeln

Auch den Tod durch Forkeln, dem Stoß mit dem Geweih im Kampf mit einem Nebenbuhler in der Brunftzeit, kann man zu den Hirschtragödien zählen. Ein solcher Fall ereignete sich Ende September 1970 im Wolfental des Forstreviers Großbartloff. Der Jagdleiter, Revierförster Rolf Otto, hatte auf dem Ansitz an diesem Forstort am 22. September 1970 den Brunftkampf von zwei starken Hirschen beobachtet. Am nächsten Tag fand in diesem Bereich der Jäger Fritz Radeck einen tot geforkelten kapitalen Zwölfender Kronenhirsch mit einem Stich in die Niere.

Eine sehr seltene Tiertragödie ähnlicher Art ereignete sich zur Brunftzeit 1965 im Kaufunger Stiftswald. Es gab einen erbitterten Kampf zweier Hirsche, die sich mit ihren Geweihstangen ineinander so verkeilt hatten, dass sie sich nicht mehr befreien konnten. Als sie aufgefunden wurden, war der größere, ein 12 bis 14-jähriger kapitaler Zwölfender, bereits verendet. Dem schwächeren Hirsch, ein 5 bis 6-jähriger Zwölfender, musste der Fangschuss gegeben werden.

Jagdgäste

Für die Wachstedter Jagdgesellschaft gab es Jagdgäste verschiedenster Art. Außer der größeren Anzahl befreundeter Jäger aus näherer und weiterer Entfernung gab es auch eine unangenehme Erscheinung.

In der Mitte der 50er Jahre kam mehrfach und anhaltend eine Gruppe sowjetischer Offiziere von der Wachstedter Radarstation mittels LKW zur Jagdausübung in das Westerwälder Jagdrevier. Trotz mehrfacher Versuche kam zwischen diesen und den Wachstedter Jägern keine Verständigung zustande. Natürlich ging es vorrangig um den Faktor Sicherheit. Es

1981, 15. September. Der Erleger: Etkar Kullmann (2.v.r.) mit seinen Gratulanten.

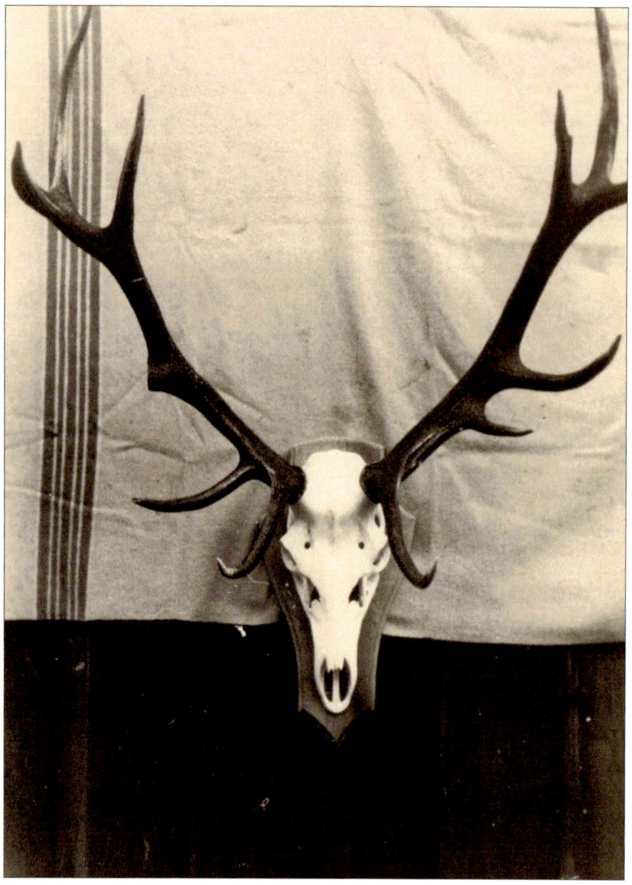

1969, 28. September.12ender, 166 Punkte. Erleger: Major Viktor Gorilow.

1981, 14. September. 12ender, Erleger: Etkar Kullmann.

1977, 26. September. ungerader 10ender, 192 Punkte, Erleger: Adolf Krista, Silbermedaille.

kam mehrfach zu kritischen Situationen. Der Leiter des zuständigen Staatlichen Forstwirtschaftsbetriebes Mühlhausen forderte einen exakten Bericht über diese Vorkommnisse, die auch an die Kreisjagdbehörde Worbis gelangten. Diese forderte umgehend die Einrichtung eines Sonderjagdgebietes für die sowjetischen Offiziere. Ehe dies jedoch wirksam wurde, kam überraschend ein hoher Offizier nach Wachstedt und forderte vom Jagdleiter eine genaue Schilderung der Vorkommnisse. Schon am nächste Tag wurden alle sowjetischen Offiziere der Radarstation versetzt, nur der Verwaltungsoffizier Major Viktor Gorilow verblieb. Er hatte sich nicht an den Jagden der Gruppe beteiligt. Gorilow war Jäger und verfügte über ein Jagdgewehr und wurde in der Folge von den Wachstedter Jägern zu Drückjagden und zum Ansitz eingeladen. Sein angenehm bescheidenes Auftreten begründete, dass ihm von den Wachstedter Jägern ein stärkerer jagdbarer Hirsch zur Erlegung freigegeben wurde. Nach vorbereitender Unterstützung erlegte er am 29. September 1969 einen Zwölfender Rothirsch. Die Trophäe wurde vom Jagdleiter aufgesetzt und hing Jahrzehnte bis zur Wende in seiner Wohnung in der Radarstation.

Es gab auch noch eine andere Art von Jagdgästen. Jagdberechtigte Bürger, die als Auszeichnung für gesellschaftliche Verdienste einen kapitalen Rothirsch erlegen durften. Im damaligen Kreis Worbis war dies nur im Jagdrevier Westerwald möglich. Mit der Unterstützung der Wachstedter Jäger gelang dies am 26. September 1977 Adolf Krista und am 14. September 1981 Edgar Kullmann.

Frostschäden durch Rotwild

Verbißschäden des Rotwildes im Laubwald, Westerwald 1970.

Rotwild Schälschaden im Eschen – Jungwuchs, Westerwald 1980. Fotos (2x) Eduard Fritze

Schälschäden des Rotwildes am Einzelstamm, Westerwald 1980.

Schälschäden des Rotwildes im Rotbuchen – Stangenholz, Westerwald 1980.

5. Damwild (*Cervus dama*)

Das Damwild wurde mit der letzten Eiszeit aus Mitteleuropa verdrängt. Sein verbleibendes Verbreitungsgebiet waren die östlichen Mittelmeerländer, insbesondere Kleinasien (Türkei). Mit den Römern gelangte das Damwild wohl als Gehegewild nach Spanien, Frankreich und bis Westdeutschland. Seit dem Mittelalter wurde es bevorzugt in fürstlichen Wildparks gehalten. Die erste belegbare Wiedereinbürgerung in Deutschland ist auf das Jahr 1570 datiert. Der Landgraf Wilhelm IV. von Hessen erwarb 30 Stück Damwild aus Dänemark und ließ sie im Tierpark Sababurg im Reinhardswald aussetzen, wo sie bis 1830 Bestand hatten.

Im Hannoverschen Saupark Springe wurden 1679/80 120 Stück Damwild eingeführt. In Preußen erfolgte 1681 die Einbürgerung von Damwild. Als typische Wildart der Gatter- und Parkreviere erfolgten in der Folgezeit Einbürgerungen von Damwild vielerorts in Deutschland.

Im Bereich des Eichsfeldes gab es eine erste Auswilderung von Damwild erst 1932 im Forstrevier Königsthal. Durch Verordnung der Landräte des Kreises Grafschaft Hohenstein in Nordhausen und des Kreises Worbis vom 25. August 1932 bzw. 1. September 1932 war das Damwild bis zum 30. September 1935 geschützt. Während der Geltungsdauer dieser Verordnung war es verboten, dem Damwild in irgendeiner Form nachzustellen. Über den weiteren Verlauf dieser Damwildauswilderung ist wenig bekannt geworden. Erloschen ist dieses Vorkommen durch restlosen Abschuss 1945 durch Angehörige der sowjetischen Besatzung. In der Zeit der DDR war die Einbürgerung von Damwild sehr aktuell und wurde staatlich unterstützt. Unter der Regie des Staatlichen Forstwirtschaftsbetriebes Heiligenstadt kam es 1977 in Zusammenarbeit mit den zuständigen Jagdgesellschaften zu einer ersten Auswilderung von Damwild in der Revierförsterei Zehnsberg.

Aus dem Damwildeinbürgerungsgatter gelangten 8 Stück Damwild in freie Wildbahn, denen ein wenig später weitere 7 Tiere folgten. In der Folge kamen im März 1980 noch 8 Stück

Damwild. Auswilderung im Forstrevier Zehnsberg im März 1980.

Damwild aus dem Wildgehege Moritzburg durch Ankauf dazu. Der Damwildbestand im Bereich des Zehnsberges war im November 1980 bereits auf 40 bis 50 Stück angewachsen. Der zuständige Revierförster Blum erlegte 1991 einen starken Schaufler.

Fast gleichzeitig erfolgte 1979/80 durch das Stiftsforstamt Ilfeld in der Oberförsterei Gerode unter Leitung des Oberförsters Buchheister und in Zusammenarbeit mit den Jagdgruppen Weißenborn und Stöckey im Bereich Liebendorf die Auswilderung von 8 Stück Damwild, eines männlich und sieben weiblich. Herkunft war das Nordhäuser Gehege.

Eine weitere Damwildauswilderung erfolgte ab 2004 durch die Agrargenossenschaft „Am Ohmberg" in Bischofferode über ein 12 ha großes Eingewöhnungsgatter auf der Aschenhalde des ehemaligen Kalischachtes. Hier wurden in der Folgezeit 37 Stück Damwild, eines männlich und 36 weiblich, ausgewildert. Aus den 3 in unterschiedlichen Jahren und an unterschiedlichen Orten erfolgten Auswilderungen entwickelte sich für die Waldungen des Ohmgebirges und der angrenzenden Bereiche ein geschlossenes Damwildeinstandsgebiet. Dies ist neben dem Muffelwild eine gelungene Einbürgerung einer weiteren Wildart, die man als Erfolgsprojekt bezeichnen kann.

6. Muffelwild (*Ovis ammon musimon*)

Die Einbürgerung des Muffelwildes geschah aus jagdlichen Gründen ausgehend von dem einzigen frei lebenden Vorkommen auf den Mittelmeerinseln Korsika und Sardinien. Von dort gelangten 1731 mehrere Mufflons in den Tierpark Belvedere bei Wien. Im Jahre 1840 erfolgte eine Muffelwildeinbürgerung in den Lainzer Tiergarten. Die erste Auswilderung in die freie Wildbahn erfolgte 1868 bei Gymes im Tribečgebirge in der Tschechoslowakei. Ebenso gelangte im ausgehenden 18. Jahrhundert das Muffelwild auch nach Ungarn.

Ab Beginn des 19. Jahrhunderts erfolgten auch in Deutschland in steigendem Maße Muffelwildeinbürgerungen. In der ersten Hälfte des 20. Jahrhunderts gab es bis in die Mitte der 1950er Jahre bereits 29 Auswilderungen. Dazu zählen:

1903/04	Forstamt Göhrde/Lüneburger Heide
1906/07	Harz, Selketal, Harzgeroder Forst
1911	Taunus, Kronberger Wald
1913/14	Solling, Revier Bärenkopf
1922	Kyffhäusergebirge
1924/25	Harz, Hasserode
1929/30	Oberweißbach/Reichmannsdorf
1933	Winterstein bei Thal
1934	Sächsisches Erzgebirge bei Müglitztal
1934	Bezirk Saalfeld/Rudolstadt, Hegering Saalfeld
1935	Steinbach, Bad Liebenstein, Bad Berka
1935	Rhön, Abtswald bei Frankenhein
1938	Kyffhäuser bei Ratsfeld
1952	Harz, Revier Ohrenfeld
1954	Kaufunger Wald

Von diesen Auswilderungen hatten nicht alle bleibenden Bestand. So waren 1963 vierzehn Vorkommen erloschen. Einige waren im Grundstock zu gering und die Tiere zerstreuten sich. Der größere Anteil verschwand als Folge des Zweiten Weltkrieges durch Kampfhandlungen, Besatzungsjäger und Wilderer, so in der Eifel, im Odenwald, im Thüringer Wald und im Harz. [30]

Die Einbürgerung des Muffelwildes im Eichsfeld organisierte 1977 der Staatliche Forstwirtschaftsbetrieb Heiligenstadt unter Leitung von Forstmeister Friedrich Brückner. Aus dem Muffelwildforschungsgebiet Alexisbad-Ballenstedt gelangten 1976 durch Ankauf 25 Stück reinrassiges Muffelwild in ein durch die Jagdgesellschaften Südeichsfeld und Wachstedt eingerichtetes Eingewöhnungsgatter im Wolfental im Westerwaldrevier Großbartloff. Am 24. Oktober 1977 wurden aus diesem Gatter 18 Mufflons in die freie Wildbahn ausgewildert.

Im Juni 1980 erfolgte aus dem gleichen Gatter eine zweite Auswilderung in den westlichen Dün bei Heiligenstadt. Beide Einbürgerungen entwickelten sich gut und dehnten sich unter ständiger Zunahme in die angrenzenden Gebiete aus. Das Muffelwild fand besonders in den vielerorts vorhandenen bewaldeten und felsigen Muschelkalkgebieten mit zahlreichen Hanglagen einen idealen Lebensraum. Die Moderhinke (Schalenauswachsungen) wurde nur sehr gering nachgewiesen. Es kam in der Folge zu einer guten Bestandsentwicklung und zu einer Ausbreitung über den Bereich des oberen Eichsfeldes. Von 1979 bis 1990 betrug die Muffelwildstrecke im Eichsfeld 213 Stück, davon 103 männliche Tiere. Der Gesamtbestand wurde 1990 auf 170–200 Tiere geschätzt. Auffällig war eine starke Trophäenentwicklung. Es gab zahlreiche Silber- und Goldmedaillen. Die Einbürgerung des Muffelwildes im Eichsfeld kann aus heutiger Sicht als voller Erfolg gelten.

Bedroht sind Muffelwildbestände durch das natürliche Raubwild wie Luchs, Wolf und Fuchs. Luchs und Wolf können, wenn von menschlicher Hand nicht Einhalt geboten wird und entgegengerichtete Maßnahmen nicht vorliegen, Muffelwildpopulationen ausrotten.

*Muffelwild im Eingewöhnungsgatter Wolfental-
Widder mit Schaften.*

*Vom Verfasser erlegter achtjähriger Widder.
217 Punkte – Goldmedaille.*

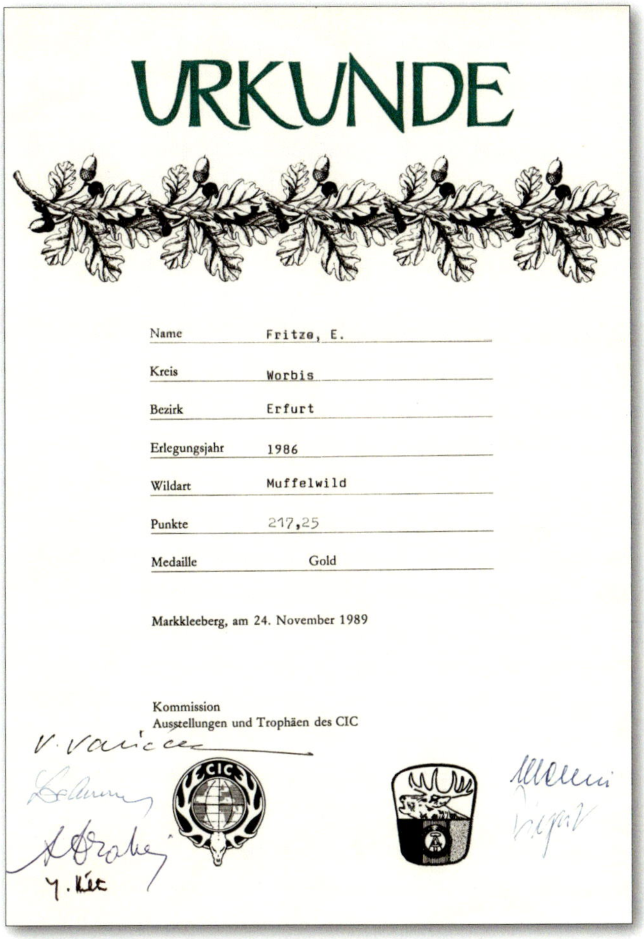

URKUNDE

Name	Fritze, E.
Kreis	Worbis
Bezirk	Erfurt
Erlegungsjahr	1986
Wildart	Muffelwild
Punkte	217,25
Medaille	Gold

Markkleeberg, am 24. November 1989

Kommission
Ausstellungen und Trophäen des CIC

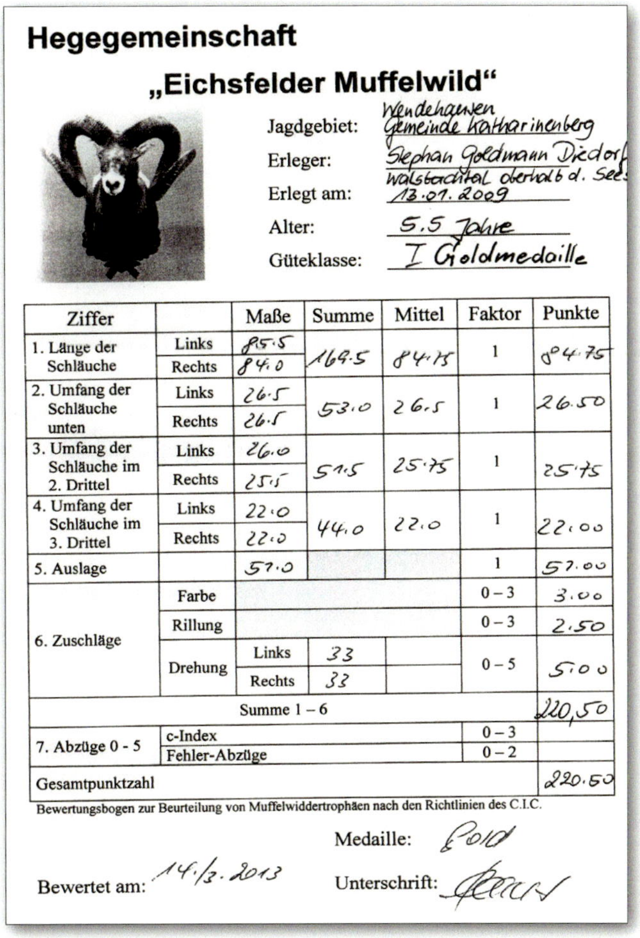

Hegegemeinschaft
„Eichsfelder Muffelwild"

Jagdgebiet: Wendehausen Gemeinde Katharinenberg
Erleger: Stephan Goldmann Diedorf Walsbachtal oberhalb d. Sees
Erlegt am: 13.01.2009
Alter: 5.5 Jahre
Güteklasse: I Goldmedaille

Ziffer			Maße	Summe	Mittel	Faktor	Punkte
1. Länge der Schläuche	Links		85.5	169.5	84.75	1	84.75
	Rechts		84.0				
2. Umfang der Schläuche unten	Links		26.5	53.0	26.5	1	26.50
	Rechts		26.5				
3. Umfang der Schläuche im 2. Drittel	Links		26.0	51.5	25.75	1	25.75
	Rechts		25.5				
4. Umfang der Schläuche im 3. Drittel	Links		22.0	44.0	22.0	1	22.00
	Rechts		22.0				
5. Auslage			57.0			1	57.00
6. Zuschläge	Farbe					0 – 3	3.00
	Rillung					0 – 3	2.50
	Drehung	Links	33			0 – 5	5.00
		Rechts	33				
Summe 1 – 6							220,50
7. Abzüge 0 - 5	c-Index					0 – 3	
	Fehler-Abzüge					0 – 2	
Gesamtpunktzahl							220.50

Bewertungsbogen zur Beurteilung von Muffelwiddertrophäen nach den Richtlinien des C.I.C.

Medaille: Gold

Bewertet am: 14.3.2013 Unterschrift:

Urkunden.

Jahr	Erleger	Punktzahl	Medaillen
1981	Rahrig, Werner	197	Silber
1985	Vogt, Gerhard	200	Silber
1985	Krista, Adolf	209	Gold
1986	Fritze, Eduard	217	Gold
1986	Pape, Karl	203	Silber
1986	Lerch, M.	201	Silber
1986	Müller, Kurt	198	Silber
1986	Lerch, M.	188	Bronze
1900	Westerwald (verludert)	235	Gold
2000	Dr. Franz Hey	231	Gold
2006	Hottenrott, Bernd	232	Gold
2008	Hottenrott, Bernd	215	Gold
1990	König, Michael	230	Gold

Bewertung Medaillenwidder: Fritze, Eduard und Goldmann, Stephan

Nach der politischen Wende in den 1990er Jahren kam es im Werratalbereich zwischen Wanfried und Wendehausen zu einer weiteren Auswilderung von Muffelwild. Zwei aneinander grenzende Jagdgebietsbesitzer mit einem dazu kommenden Pachtrevier entließen über ein Eingewöhnungsgatter 6 Stück Muffelwild (zwei männlich, 4 weiblich) in die Freiheit. Diese Einbürgerung wurde ein Erfolgsprojekt und erzielte in den folgenden Jahrzehnten eine nicht geringe Zahl an erlegten Medaillenwiddern.

7. Rehwild (*Capreolus capreolus*)

Das Rehwild ist bereits im Diluvium über fast ganz Europa verbreitet und seit der älteren Steinzeit auch jagdbares Wild. Es war in früheren Jahrhunderten weit weniger zahlreich als das Rotwild. Eine Aufwertung des Lebensraumes geschah im Mittelalter mit der Ausbreitung der Kulturlandschaft und in der Folge mit dem Verschwinden des großen Raubwildes wie Bär, Luchs und Wolf. Als echter Kulturfolger war das Rehwild in allen Lebensräumen vorhanden, wo ihm ausreichende und gute Lebensbedingungen geboten wurden. Geeignete Biotope sind abwechslungs- und deckungsreiche Wald- und Feldlandschaften, in denen auch hohe Wilddichten erreicht werden können. Mit der Entwicklung und Ausbreitung der Landwirtschaft erfolgte eine stärkere Zunahme der Rehwildbestände. Eine Verminderung erfolgte erst 1848–1850 im Zusammenhang mit der Bürgerlichen Revolution. Diese Bestandsverluste wurden in der Folge bald überwunden.

Im Eichsfeld zählte das Rehwild neben dem Hasen zu den Hauptwildarten und trat an die Stelle des fehlenden Rotwildes. Erlegt wurde das zur Niederen Jagd zählende Reh mit dem Schrotschuss und auch auf Drück- und Treibjagden. Erst 1930 erfolgte ein Schrotschussverbot.

Ein Fall, wie bei anhaltender Hege der Rehwildbestand erhöht und auch in der Qualität der Gehörne verbessert werden kann, ist vom Anröder Forstrevier bekannt. Das säkularisierte Klostergut Anrode war 1811 in den Besitz der Familie von Wedemeyer gekommen. August Wilhelm von Wedemeyer hatte 85 ha unrentabler Flächen mit Nadelholz aufgeforstet und mit 66 ha einen neuen Waldteil, den nach ihm benannten Wilhelmswald, durch Neuaufforstung geschaffen. In der Folge erwarb 1885 der Gutsbesitzer Johann Andreas Wiersdorff das Klostergut Anrode. Er war ein naturverbundener Landmensch und Jäger. Die von Wedemeyer begonnene Waldvergrößerung setzte er fort, indem er und seine Nachfolger den Wilhelmswald um 42 ha vergrößerten und außerdem weitere 118 ha Umwandlungs- und Ankauffläche mit Nadelwald bestockten. Die Wiersdorffs waren bemüht, das Jagdrevier Anrode in jagdlicher Hinsicht vorbildlich zu gestalten. Zwischen den bereits neu aufgeforsteten Waldflächen und der eigenen Neuaufforstung wurde auf 1.200 m Länge ein etwa 10 m breiter Streifen als Grünland belassen. Dieser so genannte „Breite Weg“ sollte vorrangig der Wildäsung dienen. Jagdlich ermöglichte er, durch zahlreiche Hochsitze gefördert, eine erfolgreiche Ansitzjagd. Die Rehwildjagd erfolgte im Anröder Jagdgebiet nur durch Pirsch und Ansitz. Auf Drück- und Treibjagden wurde kein Rehwild erlegt. In der Folge vergrößerte sich der Rehwildbestand erheblich, so dass sogar in der Tageszeitung auf Anblicke von Rehwild beiderseits der Straße zwischen Bickenriede und Büttstedt hingewiesen wurde. Der Lohn der Hege blieb nicht aus. Es wurden mehrere Rehböcke mit sehr kapitalem Gehörn gestreckt, die Medaillenreife aufwiesen. Selbst Jahrzehnte später 1951 und 1954 erlegte der Oberförster Stöhr hier je einen Medaillenrehbock.

Mit der bürgerlichen Jagd um 1850 war in den Pachtrevieren die Bestandeshöhe und die Qualität des Rehwildbestandes von den jeweiligen Pächtern abhängig. Als fördernd erwiesen sich die angeordneten festen Schonzeiten und die Einführung von Hegemaßnahmen. Das Rehwild wurde neben dem Hasen zur Hauptwildart.

Bei den aufkommenden Trophäenschauen waren außergewöhnliche Rehgehörne aus dem Eichsfeld eher eine Seltenheit. Das Gehörn eines 1899 bei Kalteneber erlegten Zehnenders erhielt auf der 6. Deutschen Geweihausstellung den 2. Preis. Beachtung fand auch ein 1902 von Hinske in Ershausen erlegtes Rickengehörn. Perückengehörne waren auch im Eichsfeld keine Seltenheit. Die Perückenbildung ist zumeist die Folge einer Verletzung der Geschlechtsorgane. Das Wachstum des Gehörns hört nicht auf, es wird auch nicht mehr abgeworfen oder gefegt. Oft wächst das Gebilde über die Lichter, so dass der Rehbock in ein bis zwei Jahren zugrunde geht. Solche Böcke sind nicht fortpflanzungsfähig, sie verenden meist infolge einer allgemeinen eiternden Sepsis, die von den parasitierten Perücken ausgeht. An drei solcher Fälle im Eichsfeld soll hier erinnert werden. Erhalten geblieben ist die Trophäe eines 1937 im Pachtrevier Küllstedt von Josef Ortmann erlegten Perückenbocks.

In den 1930er Jahren erlegte auch der Apotheker Ludwig Schunk einen solchen stark verkümmerten Rehbock, und der Revierförster Alois Kaufhold ließ das Haupt eines von ihm 1963 geschossenen Perückenbocks präparieren.

Empfindliche Rehverluste hatten die sehr strengen Winter 1928/29, 1939/40, 1941/42 und 1969/70 zur Folge. Ursache waren extrem hohe Schneelagen wie auch eine vereiste Schneedecke.

Einen starken Zuwachs der Rehwildbestände gab es in Deutschland in der „waffenlosen Zeit" von 1945 bis 1954.

8. Schwarzwild (*Sus scrofa*)

Das Schwarzwild war ursprünglich in Deutschland weit verbreitet und in nahezu allen Laubwaldungen vertreten. Buchen und Eichen stellten mit ihren Früchten die Hauptnahrungsgrundlage im Winter dar. Nach den Hirschen galt das Schwarzwild im Mittelalter als besonders begehrtes Jagdobjekt des Adels. Andererseits war es wegen seiner

Walddrückjagd auf Hasen im Jagdrevier Anrode.

großen Schäden in der Feldflur einer erbarmungslosen Verfolgung ausgesetzt. Der Schaden war so groß, dass seine Erlegung neben Bär, Wolf und Luchs auch Grundstückseigentümern erlaubt war. Durch intensive Bejagung wurde das Schwarzwild im 18. und 19. Jahrhundert vielerorts bereits ausgerottet. Nach Regel (1894) gab es in Thüringen nur noch wenige Stellen, an denen das Schwarzwild noch vorkam, zum Beispiel im Kyffhäusergebirge. Ansonsten war es nur noch in Wildparks und Tiergärten anzutreffen. Gleiches bestätigt Bieger (1931). In seiner Rubrik „Wildverhältnisse in Thüringen" steht: „Sehr schwache bis mäßige Bestände befinden sich noch in der Rhön und am Kyffhäuser." Nach Klett fand bereits 1767 im Mühlhäuser Stadtwald die letzte Jagd auf Schwarzwild statt. [31] In dieser Zeit wird vermutlich auch im Eichsfeld das Schwarzwild ausgerottet gewesen sein, wenn auch bestätigende Nachweise fehlen. Nach Landom findet man in Kurhessen noch im Reinhardwald feststehendes Schwarzwild. Durch die schon lange schwarzwildfreien Bereiche des Eichsfeldes durchstreifen einzelne Wildschweine als Wechselwild Wald und Flur. Im Januar 1887 jagt man vergeblich in der Flur von Westhausen und auch an anderen Orten nach einem gefährteten Wildschwein. (aus einem Zeitungsartikel vom 5.1.1887)

Erfolgreicher ist man in der Gutswaldung von Haynrode. Hier kommt am 26. November 1907 ein Keiler zur Strecke, der schon länger Feldschäden verursachte. Der Erleger ließ am Erlegungsort eine Stein errichten. Auch an anderen Orten im Eichsfeld erschien vereinzelt Schwarzwild. Der Jagdpächter Friedrich Henkel aus Hilkerode erlegte 1940 auf einem Acker vor dem Roten Berge ein Wildschwein.

Ab Anfang der 20er Jahre des 20. Jahrhunderts kam es zu einem Schwarzwildvorkommen rechtsseitig der Werra am südwestlichen Rand des Eichsfeldes. Mit dem auf hessischer Seite angrenzenden Kaufunger Wald, der von jeher einen beständigen Schwarzwildbestand besaß, könnte ein herkömmlicher Zusammenhang bestehen. Eine Bestandsergänzung ergab sich wohl auch durch aus dem Gobert-Wildgatter entkommene einzelne Tiere. In den Feldfluren auftretende Schäden sorgten für Aufregung und die Forderung nach umgehenden Abschuss durch die zuständigen Jäger. Da dies in den schwer zugänglichen Bereichen, wie den durch Eichenniederwald bewirtschafteten Höhberg nur wenig Erfolg versprach, organisierte man 1924 eine Polizei-Kommandojagd, die mit Reichswehrsoldaten ergänzt wurde. Bei dieser Jagd wurden im Bereich Fretterode 10 Stück Schwarzwild erlegt. Es folgten noch einige weniger erfolgreiche Jagden. Die aktive Teilnahme der

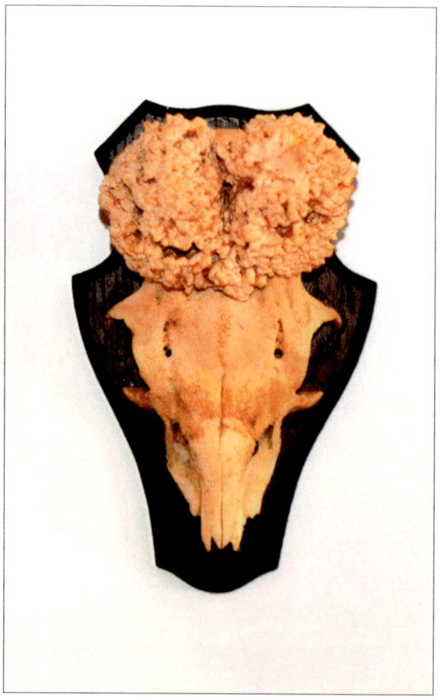

Von Josef Ortmann am 4. August 1937 im Jagdrevier Küllstedt im Heun erlegt.

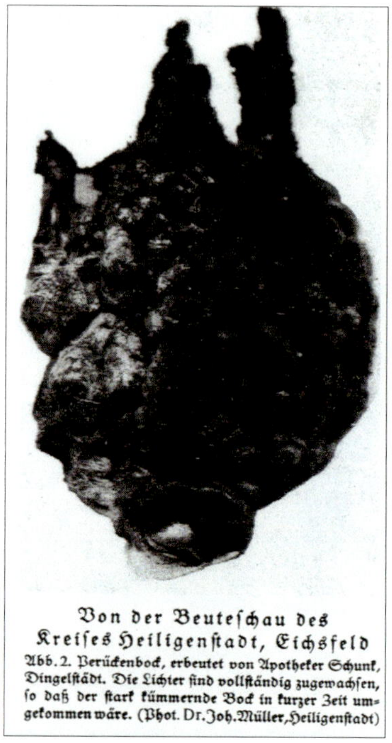

Perückenbock von Apotheker Schunck in den 1930er Jahren in Dingelstädter Pachtrevier gestreckt.

Pächter und Jäger verhinderte aber das Aufkommen einer Massenvermehrung des Schwarzwildes in diesem Bereich.

Die von 1924–1937 erzielte Schwarzwildstrecke im Bereich des Südeichsfeldes ohne Anspruch auf Vollständigkeit:

Jahr	**Ort**	**Anzahl**	**Jahr**	**Ort**	**Anzahl**
1924	Fretterode	10	1926	Fretterode	1 Keiler
1927	Kella	1 Keiler	1927	Lindewerra	1 Keiler
1928	Fretterode	1 Keiler	1928	Lindewerra	3
1929	Lutter	1	1932	Werleshausen	3
1932	Volkerode	1	1932	Fretterode	2
1932	Werleshausen	3	1932	Dietzenrode	1
1933	Wahlhausen	3	1933	Werleshausen	1 Keiler
1934	Fretterode	3	1935	Fretterode	1 Keiler
1936	Werleshausen	4	1937	Linderwerra	1
			Summe		**41**

Im Südeichsfeldbereich zwischen Höhberg und Gobert bestand 1939 ein kleines aber beständiges Schwarzwildvorkommen. Dies wird am 29. Juli 1939 durch einen Beitrag in der „Thüringer Gauzeitung“ bestätigt. Es heißt hier wörtlich: „Vatterode, hier stärkeres Auftreten der Schwarzkittel. Schwarzkittel scheinen hier und in den Nachbargemeinden wieder stärker aufzutreten. Wiederholt konnten in den letzten Tagen Keiler und Bachen, die mit kräftigem Gebrech angrenzende Äcker nach Erdmast absuchten, festgestellt werden. Auf dem „Lindenberg“ und in den „Backöfen“ konnte dieser Tage mehrfach eine Bache mit starken Frischlingen bzw. Überläufern im Hafer- und Kartoffelschlag beobachtet werden. Der Schaden durch Schwarzwild ist jetzt, da Hafer und Weizen milchreif werden, recht erheblich. Auch die Kartoffelschläge werden gern heimgesucht. Die zusammenhängenden Waldungen bieten dem Schwarzwild gute Unterkunftsmöglichkeiten.“

Der Zweite Weltkrieg brachte der Bevölkerung Sorgen und Probleme ganz anderer Art. Eine wirksame Bekämpfung des Schwarzwildvorkommens war während der Kriegszeit sicher nicht möglich. Zum Kriegsende 1945 öffnete sich dann das Wildgatter auf der Gobert und es kam zu einer zahlreichen Ergänzung des außerhalb bestehenden Vorkommens.

Ab 1945 erfolgte schlagartig die Entwaffnung der Jäger und eine Einflussnahme auf die sich nun frei entwickelnden Wildbestände war nicht mehr möglich. Besonders beim Schwarz- und Rotwild kam es zu einer expansiven Arealerweiterung. Frühere Vorkommensgebiete wurden wieder eingenommen. Die Ausbreitungswelle des Schwarzwildes erreichte bereits 1945 den Westerwaldbereich. Der Verfasser konnte bereits im August 1945 im Küllstedter Grund eine von Rot- und Schwarzwild aufgesuchte Suhle besichtigen. Trittsiegel und Malbäume bestätigten das Vorkommen beider Schalenwildarten. Schnell breitete sich das Schwarzwild von Süd nach Nord über das gesamte Eichsfeld aus. Die in den Fluren durch das Schwarzwild verursachten Schäden vergrößerten sich in den Nachkriegsjahren beständig. Die lawinenartige Zunahme wurde außerdem klimatisch durch die milden Winter 1948/49, 1951/52, 1953/54 und 1956/57 begünstigt. Etwa im gleichen Zeitraum brachte die Buche in Thüringen ergiebige Masten, so 1946 eine Sprengmast, 1948 eine Vollmast sowie 1953 und 1956 wieder eine Sprengmast. (Mahler „Vom Schwarzwild in Thüringen", Thüringer Heimat 2/1958). Diese beiden Faktoren begünstigten sicher die massive Zunahme der Schwarzwildbestände.

Mit dem Anstieg der Schwarzwildanzahl steigerten sich auch in nie gekanntem Maße die Wildschäden in den Fluren. Notgedrungen griff die Bevölkerung zur Selbsthilfe. Felder wurden nachts, wenn möglich, auch mit Hunden bewacht. Es wurden Saufänge, ein mit Stangenhölzern eingegatterter Kirrplatz mit Falltüren, gebaut und 2 Meter tiefe Fanggruben angelegt. Nur bei den Saufängen hatte man vereinzelt Erfolg.

Der sowjetischen Besatzungmacht war es zwar vorbehalten die Jagd auszuüben, aber das war insgesamt gesehen auf die Massenvermehrung des Schwarzwildes ohne jeden Einfluss. Die unüberhörbaren Klagen der Landwirte, die die Nichterfüllung der Pflichtabgaben mit den Schwarzwildschäden begründeten sowie die sehr ernste Ernährungslage der Bevölkerung hatten zur Folge, dass die Besatzungsmacht mit dem Befehl Nr. 98 vom 1. Februar 1948 „Maßnahmen zur Bekämpfung des Schwarzwildes" einleitete. Es kam zur Bildung von Sonderjagdkommandos unter der Regie der Volkspolizei. Die Jagdwaffen und die Munition wurden vom Polizeikreisamt verwaltet und für die Jagdeinsätze der Jagdkommandos bereitgestellt. Außer einer Gruppe Volkspolizisten waren zuständige Forstleute und ein kleiner Kreis politisch auserwählter Personen beteiligt. Die Ergebnisse dieser Jagdeinsätze waren gemessen an den ständig anwachsenden Schwarzwildbeständen und den in verheerendem Ausmaße zunehmenden Schäden in der Landwirtschaft nur wie Nadelstiche zu bezeichnen. Zu einer Lösung des Problems kam es nicht.

Das am 25. November 1953 in Kraft tretende Jagdgesetz der DDR bringt das Problem um die Ausübung der Jagd in geregelte Bahnen. Damit ist auch die Möglichkeit einer intensiveren Bejagung des Schwarzwildes verbunden. Der Gesellschaft für Sport und Technik wurde das Recht zur Ausübung der Jagd 1954 übertragen. Alle, die die Jagd ausüben wollten, mussten Mitglied dieser Organisation sein und eine Jagdeignungsprüfung ablegen. Politische Zuverlässigkeit war eine wichtige Voraussetzung. Es wurden feste Jagdgebiete mit einem Jagdwaffenstützpunkt bei dem Jagdgebietsverantwortlichen geschaffen. Gejagt wurde überwiegend im Kollektiv. Bei Einzelansitzjagden stand die Doppelflinte nur für einen Tag zur Verfügung und musste abends im Stützpunkt zurück gegeben werden. Oberstes Anliegen war die Bejagung des Schwarzwildes. In den ersten drei Jahren wurden durch die Jagdkollektive beachtliche Strecken erzielt, welche allerdings auf das Schadenspotential in der Landwirtschaft nur geringe Auswirkungen hatte.

Schwarzwildstrecke der Eichsfeldkreise in dieser Zeit:

	1955	**1956**	**1957**
Heiligenstadt	130	30	80
Worbis	97	48	172
Mühlhausen	16	10	50
Eichsfeldanteil Summe	243	88	302

Die Gesamtstrecke der Jahre 1955 bis 1957 betrug 633 Stück.

Das Schwarzwild, das in der Folge mit Vorrang und ohne Schonzeit bejagt wurde, konnte bei hohen Jahresstrecken auf einen für die Landwirtschaft erträglichen Rahmen gebracht werden. Es ist heute überall im Bereich des Eichsfeldes vorhanden.

Im Kreis Heiligenstadt betrug die Jahresstrecke 1998 874 Stück und 2008 857 Stück.

Im Freistaat Thüringen wurden im Jagdjahr 2003/2004 22.809 Stück Schwarzwild erlegt.

9. Hase (*Lepus europaeus*)

Der Feldhase ist über Mittel- und Westeuropa verbreitet und gleichermaßen in Feld und Wald anzutreffen. Einst in Steppengebieten lebend breitete er sich mit der Schaffung umfangreicher Ackerbaugebiete, die der Mensch seit dem Mittelalter anstelle der gerodeten Urwälder schuf, weiter aus. Als Kulturfolger bevorzugt er die offene Landschaft mit Feldgehölzen oder Waldrandzonen im Wechsel mit Ackerland und Wiesen. Auf landwirtschaftlich genutzten Flächen, die auch Baum- und Strauchwuchs aufweisen, findet der Feldhase beste Lebensbedingungen. Er ist vorwiegend dämmerungs- und nachtaktiv. Er scharrt eine flache Mulde (Sasse) in den Boden, in die er sich drückt. Außerhalb der Paarungszeit ist er Einzelgänger. Das Hör- und das Sehvermögen sind gut entwickelt.

Der Hase ist vielen Verfolgern ausgesetzt. Alle mittelgroßen Raubtiere, mehrere Greifvogel- und Rabenvogelarten wie auch Hund und Katze stellen ihm nach. Größere Bestandsverluste gibt es auch nach schneereichen Wintern und sehr nassen Jahren.

Hasen waren regelmäßig ein Bestandteil der menschlichen Ernährung und wurden nach dem Mittelalter als bedeutendstes Niederwild mit unterschiedlichen Methoden bejagt. Vor dem Aufkommen der Feuerwaffen war bis ins ausgehende Mittelalter der Hasenfang mit „Garnen“ (Netzen) eine verbreitete Jagdart. Die Anwendung erfolgte durch Spannen der „Garne“ auf Hasenwechseln in vorbereiteten Hasenlücken. Städte und Klöster verfügten damals vielerorts über einen größeren Bestand an „Hasengarnen“, die nach dem Aufkommen der Flinten mit dem Hasenschrot (3,5mm) aus der Verwendung kamen. Nach der Bürgerlichen Revolution 1848–1850 wurden neben allen anderen Wildarten auch die Hasen auf ein Minimum reduziert. In der folgenden Bürgerlichen Jagd wurde dann das Kesseltreiben zur häufigsten Jagdmethode der Hasenjagd. Sie sollte nur mit abgeführten Hunden erfolgen, da sonst viele krank geschossene Hasen verludern würden.

Die wirtschaftliche Entwicklung in Deutschland, verbunden mit der Zunahme landwirtschaftlich genutzter Flächen, verbesserte auch die Lebensbedingungen der Feldhasen und erhöhte die örtlichen Bestände. Besonders in klimatisch günstigen Gebieten mit ausgedehnter Landwirtschaft traf dies zu. Gebiete mit reichlichen Niederschlägen, tiefen Temperaturen und kalten Böden sowie hohem Waldanteil galten immer als hasenarm. Teilweise traf dies auch für Bereiche des Obereichsfeldes zu.

Allgemein gesehen bildete der Feldhase aber über Jahrzehnte das Kernstück der örtlichen Herbstjagden. Das Streckenergebnis war unterschiedlich. So gab es gute, mittlere und schlechte Hasenjahre. Negativen Einfluss auf die Hasenstrecke haben sehr schneereiche strenge Winter. Da die Jagdereignisse sehr oft Erwähnung in der Tageszeitung fanden, sind grob gesehen Vergleiche auch heute noch möglich.

Bei der Betrachtung der fünf Jahre von 1928 bis 1932 sind die Unterschiede durchaus erkenntlich:

1928 erscheint als ungünstiges Jahr. In einer Anzahl Dorffluren lag die Hasenstrecke der Treibjagden unter 10:
Ershausen 1 Stück *Faulungen 2 Stück*
Silkerode 3 Stück *Lediglich in Günterode waren es 40 Stück.*

1929 Ebenso war auch 1929 ein weniger günstiges Hasenjahr. Hier lagen wohl die Auswirkungen des strengen Winters vor? Struth ließ wegen der hohen Schneelage die Treibjagd ausfallen. Hier die Strecke einzelner Treibjagden:
Geisleden 12 Stück *Deuna 16 Stück*
Rengelrode 8 Stück *Beuren 20 Stück*
An der Spitze stand Heuthen mit 93 Stück.

1930 war anscheinend ein sehr gutes Hasenjahr. In mehreren Dörfern lag die Strecke der Treibjagden über 100 Stück. Sie betrug in
Dingelstädt 164 Stück *Heuthen 150 Stück* *Büttstedt 90 Stück.*

1931 Dieses Jahr war weniger günstig, selbst in Heuthen betrug die Strecke nur 40 Stück und im Geisleden 13 Stück.

1932 Betrachtet man die Hasenstrecke der Treibjagden in diesem Jahr, so war es wohl sehr ungünstig. Nachfolgend die Hasenstrecke einiger Treibjagden:
Leinefelde 10 Stück *Gerbershausen 14 Stück*
Fretterode 19 Stück *Bickenriede 51 Stück*
In Heyerode war die Jagdstrecke in diesem Jahr ohne Hasen.

Die angegebenen Zahlen der jeweiligen Hasenstrecken betreffen nur das Ergebnis der stattgefundenen Treibjagden, nicht die Jahresstrecke und ergeben somit kein reales Bild. Offen bleiben die bejagte Flächengröße, die Zahl der Kesseltreiben, die Zahl der Teilnehmer und auch die unterschiedlichen Wetterverhältnisse. Die Größe der jeweils erzielten Hasenstrecke war letztendlich das entscheidende Ereignis.

Erst der Zweite Weltkrieg brachte gewisse Veränderungen. Groß betriebene Treibjagden mit Kesseltreiben waren nur in seltenen Fällen möglich. Es fehlte an Jägern und Treibern. Nach 1945 fehlten außerdem die Schusswaffen. In der Landwirtschaft ergab sich eine neue Situation. Die Steigerung der Ertragsmöglichkeiten stand auf der Tagesordnung.

Bis in die 1960er Jahre hatte der Feldhase bei einem jährlichen Abschuss von 150.000 bis 200.000 Stück entscheidenden Anteil am Gesamtwildbretaufkommen in der DDR. Wegen der Lebensmittelknappheit wurden weitgehend noch nutzbare Flächen urbar gemacht. Raine und Wege wurden beseitigt, Feuchtstandorte trocken gelegt. In der Landwirtschaft kam es zur Einführung industriemäßiger Produktionsmethoden. Es kam zur Bildung landwirtschaftlicher Großbetriebe und zur Großflächenwirtschaft mit einseitiger Fruchtfolge wie Getreidearten, Raps und Mais in ausgeräumten Fluren. Eine weiter entwickelte Agrotechnik breitete sich aus und eine chemische Schädlingsbekämpfung kam zur Anwendung. Weite Teile der Feldfluren wurden kein günstiger Lebensraum für den Feldhasen mehr. Durch zunehmenden Verkehr erhöhte sich auch die Zahl der Straßenverkehrsopfer.

Bis Ende der 1960er Jahr hatte der Feldhase in Deutschland noch gute Lebensbedingungen. Ab den 1970er Jahren zeigte sich, so wie auch in anderen mitteleuropäischen Ländern, ein deutlicher Rückgang der Hasenbestände. Die Jahresstrecke im Bezirk Erfurt in Thüringen war von 25.000 im Jahre 1954 auf 4.265 im Jahre 1982 geschrumpft. Im Obereichsfeld war die Hasenstrecke im Kreis Worbis 1967 auf 651 Stück und im Kreis Heiligenstadt von 104 Stück im Jahr 1973 auf 5 Stück im Jahr 1983 zurück gegangen.

10. Wildkaninchen (*Dryctolagus cuniculus*)

Das ursprüngliche Vorkommen des Wildkaninchens beschränkte sich auf die küstennahen Gebiete Nordafrikas sowie die Iberische Halbinsel im südlichen Spanien. Seit dem Mittelalter wurde es wegen des begehrten Fleisches und aus jagdlichen Gründen in vielen Teilen Mitteleuropas eingebürgert. In Thüringen erfolgte die Aussetzung im 16. Jahrhundert. Der Landgraf Moritz von Hessen errichtete 1577 einen Kaninchengarten im Darmstädtischen und etwas später einen solchen beim Schloss Schmalkalden. [32] Bei Celle wurden 1869 Wildkaninchen ausgesetzt.

Der geeignete Lebensraum dieser Art ist an gewisse Bodenverhältnisse, die gut grabbar sind, gebunden. Die im Obereichsfeld stellenweise großflächig vorhandenen Muschelkalkverwitterungsböden, die einen schweren Lehm- und Tonboden zur Folge haben, sind für die Anlage der Kaninchenbaue ungeeignet. Dagegen werden die lehmigen Sande der Sandsteinböden, aber auch Örtlichkeiten mit lockeren Bodenverhältnissen wie Friedhöfe und Grünanlagen der Städte sowie Bahnanlagen und Bahndämme bevorzugt. Im Obereichsfeld haben in der zweiten Hälfte des 19. Jahrhunderts und auch danach mehrere Jagdpächter Wildkaninchen ausgewildert. Wann und wo dies geschah, lässt sich heute kaum ermitteln. Nach Neureuther (1920) ist das Wildkaninchen in der Eichsfelder Landschaft nur sehr spärlich vertreten. [33]

Das Wildkaninchen gräbt unterirdische Baue mit Kesseln, die zur Deckung und zur Aufzucht des Nachwuchses dienen und die in der Regel in Kolonien angelegt werden. Natürliche Feinde sind in großer Zahl vorhanden. Dazu zählen alle mittelgroßen Raubtiere. Iltis und Hermelin können es auch bis in den Bau verfolgen. Zu den Feinden gehören außerdem mehrere größere Raubvogelarten bis zum Habicht und auch der Kolkrabe.

Eine erheblich größere Zahl an Opfern, die fast zur Ausrottung führte, brachte die Kaninchenseuche, die Myxomatose. Im Jahr 1952 infizierte ein französischer Arzt in der Nähe von Paris zwei Wildkaninchen und setzte sie aus. Von hier verbreitete sich die Krankheit über mehrere europäische Länder und erreichte Ende der 1950er Jahre auch Deutschland und das Eichsfeld. Der Kaninchenbestand wurde hier stark reduziert, existierte aber weiter. Ab 1960 war ein merklicher Rückgang der Jahresstrecken auch im Obereichsfeld zu verzeichnen. So wurden 1973 noch 82 Stück und 1985 nur noch 51 Stück erlegt. Es muss aber eine geringe Bestandserhöhung erfolgt sein. Als sicheres Vorkommen galt das Leinetal bei Heiligenstadt, wo es in den 1960/70er Jahren als Gartenschädling in Erscheinung trat.

Eine 1998 im Bereich des Eichsfeldkreises erfolgte Wildbestandsermittlung brachte eine Stückzahl von 153.

Die Nahrung der Wildkaninchen besteht überwiegend aus pflanzlicher Kost wie Gräsern, Kräutern, Früchten und Blättern von Gehölzen und im Winter auch Baumrinde. Bei Massenvermehrungen können zum Teil erhebliche Schäden an Gartenanlagen und an landwirtschaftlichen Kulturen entstehen. Deshalb genießt das Wildkaninchen keine Schonzeit und wird ganzjährig bejagt. Seit 1934 besteht Auswilderungsverbot laut Jagdgesetz.

Bejagt wurde das Wildkaninchen in der Regel auf Treibjagden. Früher war auch die Suche mit dem Vorstehhund im Gebrauch, daneben kam vielerorts die Baujagd mit Frettchen und Sprengnetzen zur Anwendung.

Raubwild

11. Braunbär (*Ursus arctos*)

Der Bär verschwand als erster der drei großen Raubtiere in vielen Gegenden bereits im 15. Jahrhundert, in Westfalen bei Albersloh bereits 1446. [34]

Von Natur aus mehr Pflanzen- als Fleischfresser tötete er aber auch Weidevieh und versuchte, wenn möglich, in die Ställe einzudringen um dort Tiere zu töten. Auch fraß er reifes Getreide. Das waren damals Gründe genug um ihn schonungslos zu verfolgen.

Auch im Eichsfeld und im angrenzenden hessischen Werratal verschwand der Bär bereits im 15. Jahrhundert. Näheres über die letzten Bärennachweise ist durch das erhalten gebliebene „Allendörfer Jagdbuch" zu erfahren. Es beginnt 1467 und endet 1504. Während dieser Zeit wurden im Allendorfer Bereich 22 Bären in den meist schroffen bewaldeten Bergklüften östlich von Allendorf, dem Modenberg, dem Stein und im Ibental erlegt, die meisten aber auf der Hörne. Nach Reccius wurden später die letzten Bären im Bereich der Stadt Allendorf im Bärengraben bei Asbach getötet. [35] Im Eichsfeld gibt es keine Hinweise auf Bärenerlegungen in dieser Zeit. Im Jahre 1525 hatte man noch zwei Bären im Hunsrück bei Eschwege beobachtet. Im östlich angrenzenden Bereich der Fürsten von Schwarzburg-Sondershausen, im Bereich der Hainleite, kamen in der Zeit von 1527 bis 1569 noch 10 Bären zur Strecke. Die letzten 4 wurden 1569 bei Großfurra erlegt bzw. gefangen. Im Harz wurde 1734 der letzte Bär am Brocken erlegt, im Thüringer Wald 1797 auf der Hettstedt bei Kursdorf. Mit der letzten Bärenerlegung 1835 bei Ruhpolding in Bayern gilt der Baunbär in Deutschland als ausgerottet.[36] Im Böhmerwald verschwand er 1856 und 1898 in Österreich.

Im Bereich des Eichsfeldes zeugen eine Anzahl von Flurnamen vom einstigen Vorhandensein des Bären, so der Bärengraben und die Bärenhöhle im Altensteiner Forstrevier, das Bärenloch und die Bärenwand am Steilhang der Ibenkuppe zum Keffergraben. Im Ohmgebirge gibt es die Bärenhöhle bei Brehme, eine Spaltenhöhle in der früher Bären überwintert und sich aufgehalten haben.

Bei der Bärenjagd gab es unterschiedliche Methoden. Neben der Treibjagd war der Anstand meist Erfolg versprechend. Er erfolgte an Resten eines Beutetieres (Weidevieh) oder an Wechseln zum Haferschlag. In den Allendorfer Überlieferungen ist zu lesen, dass die Bären am gefundenen Überwinterungsplatz unter Hilfe von starken Hunden mit einem Spieß gestochen wurden. Dies war eine sehr gefahrvolle Angelegenheit, Feuerwaffen waren wohl damals noch nicht entwicklungsreif.

Kurzer geschichtlicher Abriss aus Görner, Martin „Atlas der Säugetiere Thüringens" 2009

Bären in Thüringen:

1580	bei Schmalkalden 1 Bär gefangen
1581	bei Schmalkalden 6 Bären erlegt
1585	vor der Stadt Schmalkalden 2 Bärinnen mit Jungen erlegt
1588	bei Schmalkalden 2 Bären erlegt
1590	in der Grafschaft Henneberg 2 Bären erlegt
1591	in Georgenthal 1 Bär erlegt

1592 in Steinbach 1 Bär erlegt
1657 in Hummelshainer Gegend 3 Bären erlegt
1659 Amt Eisenberg 1 Bärin gefangen
1660 in Hummelshainer Gegend 1 Bär erlegt
1662 Stutzhaus 1 Bär erlegt
1662 bei Saalburg 1 Bär erlegt
1663 Meuselbach 2 Jungbären abgeliefert
1663 bei Raila 1 Bärin mit 4 Jungen gefangen
1669 in Hummelhainer Gegend 4 Bären gefangen
1671 bei Gräfenroda 1 Bär geschossen
1671 im Hennebergischen 1 Bär getötet
1673 Zillbach 1 Jungbär getötet
1674 bei Hildburghausen, Wolfsgrube 1 Bär erschlagen
1678 im Steinbacher Forst 1 Bär erlegt
1678 im Schmalkaldischen Gebiet 1 Bär erlegt
1686 bei Winterstein 1 Bär erschossen

Erlegungen in Thüringen im 18.Jahrhundert nach Hilf und Röhring 1933
1705 bei Gräfenroda 1 Bär erlegt
1720/30 bei Langenwetzendorf 3 Bären erlegt
1750 bei Katzhütte 1 Bär erlegt
1782 Katzhütte 1 Bär erlegt
1797 auf der Hettstädt bei Kursdorf 1 Bär erlegt
1798 in Schmalkalden soll der letzte Bär getötet worden sein
Im Jagdschloss Possen bei Sondershausen ist die Haltung von Braunbären belegt.

12. Luchs (*Lynx lynx*)

Der Luchs verschwand nach dem Bären aus unserer Landschaft. Für den Menschen stellte die scheue Großkatze keine Gefahr dar, wohl aber für das Weidevieh. Da im Mittelalter die Waldweide im Lebensraum des Luchses erfolgte, wird das Bestreben ihn auszurotten verständlich. Hinzu kam, dass er als Nahrungskonkurrent dem Wildbestand großen Schaden zufügte. Sein Pelzwerk war begehrt, sein Wildbret an höfiger Tafel geschätzt.

Die Nachstellung und Bejagung geschah mit mehreren Methoden. So kamen Fallgruben, das Auslegen vergifteter Köder und letztendlich die Hetzjagd zur Anwendung. Bei der Hetzjagd wurde nach dem Aufspüren des Luchses der Bereich von einer größeren Anzahl Menschen weiträumig umstellt. Hunde sprengten dann den Luchs aus dem Versteck.

Nicht sicher zu belegen ist, wann der Luchs aus der Landschaft des Eichsfeldes endgültig verschwand. Belegt ist eine Luchserlegung 1668 unmittelbar an der Grenze zum Eichsfeld im Dörnaer Wald. Als Erlegungsort ist „ein Gehölz bei Mühlhausen“ angegeben. Dieser Luchs wurde porträtiert und hängt als Gemälde im Mühlhäuser Rathaus. Es trägt die Inschrift „Dieser Luchs ist in einer Hasenjagd über der Stadt im hiesigen Gehölz an eine

Gemälde im Mühlhäuser Rathaus.

Buche geschossen worden. Anno 1668, den 13. November hat er gewogen 41 Pfund.“ Die Beachtung dieses Ereignisses belegt, dass dies in der damaligen Zeit sehr selten war. Deutschlandweit war der Luchs im 16. Jahrhundert schon weitgehend in die waldreichen Gebirgslagen zurück gedrängt. In der Umgebung des Eichsfeldes waren dies der Harz und der Thüringer Wald, des weiteren die Mittelgebirge in Sachsen. Nach Regel wurden von 1611 bis 1665 im albertinischen Sachsen unter den beiden Kurfürsten Georg I und Georg II 305 Luchse erlegt, darunter 128 weibliche Tiere. [37] Das Luchsvorkommen in Württenberg wird 1719 noch auf 43 Tiere geschätzt. Im 18. Jahrhundert verschwand der Luchs vielerorts in Deutschland, so bereits 1730 im Frankenwald. Die letzte Luchserlegung in Sachsen erfolgte 1743 und im Schwarzwald verschwand der Luchs 1770. Im Harz wurden 1814, 1816, 1817 und 1818 die letzten vier Luchse getötet. Ein Jahr später im Jahr 1819 wurde auch im gothaischen Teil des Thüringer Waldes in der Nähe vom Stutzhaus der letzte Luchs mit zwei Schrotschüssen erlegt. Ein Großaufgebot von 36 Schützen und 65 Treibern war die Voraussetzung für diesen jagdlichen Erfolg. Aus Tirol verschwand der Luchs 1872 und 1892 auch aus der Steiermark. Mit dem Ende des 19. Jahrhunders galt der Luchs in Deutschland als ausgerottet. Allerdings kam es ab 1956 wieder zum Luchsvorkommen in Sachsen, zunächst im Elbsandsteingebirge, ab 1968 auch in der Dübener Heide. Vermutlich handelt es sich hier um eine Zuwanderung aus Tschechien.

Um die Wiederkehr des Luchses deutschlandweit zu beschleunigen kam es zu mehreren Auswilderungsprojekten. Im Jahre 2000 wurde im Harz ein Wiederansiedlungsprojekt des Luchses gestartet, welches als gelungen bezeichnet werden kann. Zwischen Sommer 2000 und Herbst 2006 wurden im Nationalpark Harz nach und nach insgesamt 24 Luchse (9 Männchen und 15 Weibchen) in die Freiheit entlassen. Alle ausgewilderten Tiere waren Gehegenachzuchten aus europäischen Wildparks, die vor der Freilassung in einem vier Hektar großen Auswilderungsgehege im Nationalpark in den neuen Lebensraum eingewöhnt worden waren.

Der Luchs hat inzwischen mit seiner Rückkehr in den Harz als Standwild eine beachtliche Besiedlungsdichte im mitteldeutschen Raum zurück gewonnen. Als Wechselwild ist mit ihm in Zukunft in allen größeren Waldgebieten zu rechnen.

13. Wolf (*Canis lupus*)

Der Wolf war einst über ganz Europa und Asien verbreitet. Als ausschließlicher Fleischfresser konkurrierte er mit dem Menschen um Nutztiere und Wild. Die erheblichen Haustierverluste führten seit dem frühen Mittelalter zu einem Vernichtungsfeldzug gegen den Wolf. Vielseitig und grausam waren Mittel und Art, mit denen man der Wölfe Herr zu werden versuchte. Ein Beispiel ist die Wolfsangel, ein Köder an hoch gehängter Leine. Beim Biss in das Fleisch wurde der Rachen des Wolfs zerfetzt und es folgte ein langsamer qualvoller Tod. Mit dem Aufkommen der Feuerwaffen wurden vielerorts Wolfsgärten angelegt. In einer eingezäunten Fläche wurden Köder ausgelegt. Von einem nahe gelegenen Anstand wurden die Wölfe erlegt. Groß angelegte Treibjagden, an deren Teilnahme die Bevölkerung verpflichtet war, erfolgten besonders seit der Mitte des 16. Jahrhunderts. Sie wurden überwiegend im Winter durchgeführt. Kamen Wölfe zur Strecke, so wurden sie in der Regel prämiert. Die Jagd auf den Wolf war für Jedermann frei.

Deutschlandweit erzielte Erfolge bis zum Beginn des 17. Jahrhunderts wurden durch den 30jährigen Krieg (1618–1648) rückgängig gemacht. Es setzte eine starke Vermehrung und Ausbreitung der Wölfe ein, die eine vermehrte Durchführung von Treibjagden zur Folge hatte. Die Erlegung von Wölfen wurde generell mit Prämien belohnt. Die letzte große Wolfsjagd im Eichsfeld erfolgte 1678. Als ausgerottet gilt der Wolf hier seit 1730. [38]

Im angrenzenden Mühlhäuser Bereich fand man 1714 im Stadtwald noch einen Wurf Jungwölfe. Im Schwarzburg-Sondershäuser Gebiet wurde 1719 am Büchenbrunnen bei Sondershausen der letzte Wolf getötet. Im Schwarzburg-Rudolstädter Gebiet wurden zwischen 1773 und 1797 noch 6 Wölfe erlegt. Im Harz streckte man den letzten Wolf 1798 und im westlich angrenzenden hessischen Raum 1714 im Kaufunger Wald. Zwischen 1836 und 1850 galt der Wolf in den meisten Regionen als ausgerottet.

Damit war aber der mitteldeutsche Raum in der Folgezeit nicht unbedingt wolfsfrei. Das Wolfsvorkommen in der Eifel erlosch erst 1888.

Als Standwild war das Wolfsvorkommen in den Osten Deutschlands verdrängt worden. In Ostpreußen kamen zwischen 1921 und 1943 noch 54 Wölfe zur Strecke. Auch in Polen verfolgte man den Wolf mit dem Ziel der totalen Ausrottung, aber hier, wie auch in der angrenzenden Sowjetunion, kam es während des Ersten und des Zweiten Weltkrieges und in den ersten Jahren danach zu einem starken Anstieg der Wolfspopulation. Das Verbreitungsgebiet überschritt schon bald die Weichsellinie. Daraufhin wurde der Wolf als Landplage angesehen und 1955 aus der Liste der jagdbaren Tiere in Polen gestrichen. Die nachfolgenden Maßnahmen zur Dezimierung der Wölfe führten zu einer starken Verminderung des Bestandes von etwa 1.000 auf 100 Tiere im Jahr 1970.

In Deutschland kamen Wölfe meist als Wechselwild (Wanderwölfe) vor, die in der Regel erlegt wurden, da sie ganzjährig als jagdbar galten. Von 1948 bis 1999 sind 33 getötete Wölfe belegt, die alle Rüden waren.

Überlieferte Abneigung gegen den Wolf, notwendiger Schutz der Haustierbestände und die Erhaltung hoher Wildbestände führten in der Vergangenheit zu einer drastischen Reduzierung der Bestände und Schrumpfung des Verbreitungsgebietes. Um dieser Entwicklung Einhalt zu gebieten, wurde 1971 bei der „Internationalen Union für den Schutz

der Natur und der natürlichen Hilfsquellen" eine Kommission zum Schutz des Wolfes gebildet, der maßgebliche Vertreter aller Wolfsländer angehörten. Ein Verdienst dieser Kommission ist es, einen wesentlichen Beitrag zum Verhältnis des Menschen zum Wolf geleistet zu haben. Mit der „Berner Konvention" vom 19. September 1979, einem Übereinkommen über die Erhaltung der wild lebenden europäischen Pflanzen- und Tierwelt, wird der Wolf als streng geschützte Art eingestuft. Einer weiteren Ausbreitung werden damit keine Grenzen gesetzt.
In der Bundesrepublik sind die Wölfe besonders geschützt. Entsprechend dem §14 der Bundes-Artenschutzverordnung fallen sie nicht unter das Jagdgesetz und haben demzufolge auch keine Jagdzeit.

14. Fischotter (*Lutra lutra*)

Der Fischotter war noch im 19. Jahrhundert in Europa und Asien weit verbreitet. Sein Lebensraum sind stehende und fließende Gewässer mit dichter Ufervegetation. Rücksichtslose Verfolgung, Vergiftung sowie Zerstörung seines Lebensraumes haben den Fischotter zum am meisten gefährdeten Säugetier Mitteleuropas werden lassen. Als Pelztier begehrt und als Fischereischädling deklariert, stellten ihm schon lange Zeit Gewässerbesitzer, Fischer, Angler und Jäger intensiv nach. Bekannte Jagdmethoden zur Erlegung des nachtaktiven Wassermarders waren die Suchjagd mit dem Hund und die Jagd mit dem sehr Erfolg versprechenden Ottereisen. Da die Erlegung eines Otters im 19. Jahrhundert staatlich prämiert wurde, spezialisierten sich einzelne Jäger als Otterfänger. Allein der Fischer Johannes Muschkau aus Falken an der Werra fing 1889 seinen 33. Fischotter. Zwischen 1879 und 1891 wurden im Werragebiet 250 Fischotter getötet und dafür 1.573 Mark Prämie gezahlt.
Über Ereignisse dieser Art gibt es aus dem Bereich des Eichsfeldes nur wenige Hinweise. Neureuter berichtet 1912, dass die Art schon selten ist, aber an bestimmten Orten noch regelmäßig vorkam. Anfang der 1890er Jahre erlegte man einen Fischotter bei Lengenfeld/Stein an der Frieda. An der Friedamündung endeten 1903 und 1904 zwei Otter im Ottereisen. An der Unstrut bei Bollstedt wurden 1907 noch drei Fischotter erlegt.
Infolge der anhaltenden Nachstellungen und der ständigen ungünstigen Beeinflussung seines Lebensraumes durch den Ausbau von Gewässern, durch Meliorationsmaßnahmen und Gewässerverunreinigung verschwand der Fischotter vollständig. Die letzten Bestätigungen im Eichsfeld sind folgende:
Nach Zeitungsmeldungen und anderen Veröffentlichungen von W. Kolbe wurden in den Jahren 1883, 1888, 1890, 1891 und 1892 bei Bleicherode, Gerterode und bei der Ellingeröder Mühle 5 Fischotter gefangen.
Nach F. König war der Wassermarder trotz aller Nachstellungen 1906 noch häufiger Bewohner der Wipper.
Bei Kleinbartloff an der Ohne wurde 1958 ein Exemplar gefangen.
Nachweise an der Wipper gab es auch noch 1968/69.
Bei Bodenrode an der Leine erfolgten 1970 Beobachtungen.
Eine Otterbestätigung an der Walse bei Mackenrode gab es 1972.

Seit 1974 galt der Fischotter in Thüringen als ausgestorben. In Mecklenburg-Vorpommern stand er zu dieser Zeit als stark gefährdet auf der Roten Liste.
Bereits mit dem Reichsjagdgesetz 1934 erhielt der Fischotter ganzjährige Schonzeit, die 1962 in der DDR nochmals ergänzt wurde. Hier wurde der Fischotter aus dem Jagdgesetz herausgenommen und unter Naturschutz gestellt. Die starke Gefährdung der Art in Europa war der Anlass dafür, den Fischotter im Rahmen der Bewahrung des europäischen Naturerbes und der Vielfalt der Naturausstattung „Natura 2000“ als Tierart von gemeinschaftlichem Interesse unter den besonderen Schutz der „Flora-Fauna-Habitat-Richtlinie“ zu stellen.

15. Fuchs (*Vulpes vulpes*)

Der Rotfuchs ist die häufigste und am weitesten verbreitete Raubwildart in unserem Bereich. Er ist sehr anpassungsfähig, in allen Landschaften vertreten und besitzt ein ausgezeichnetes Hör-, Riech- und Sehvermögen. Als Einzelgänger ist er dämmerungs- und nachtaktiv und benutzt Erdbaue zum Aufenthalt und zur Jungenaufzucht. Allerdings ist er auch häufig Mitbewohner in Dachsbauen mit eigenem Wohnkessel und mehreren Röhren.
Seine Hauptbeute sind Mäuse, aber auch Rehkitze, Hasen, Jungvögel und Vogelgelege. Auch Insekten wie Käfer und Heuschrecken sowie pflanzliche Nahrung wie Obst und Beeren, aber auch Aas gehören zu seinem Beutespektrum. Natürliche Feinde fehlen bei uns weitgehend, lediglich der Wolf könnte mit seiner weiteren Verbreitung in Deutschland in Erscheinung treten.
Als Hauptträger der Tollwut wurde der Rotfuchs ab 1968 mit Fuchsbaubegasung bekämpft. Es kam die gasbildende Chemikalie „Gastoxin“ zur Anwendung.
Als Bejagungsmethoden kamen der Ansitz am Luderplatz, die Treibjagd, die Lockjagd mit Hasenquäke und Mäusepfeife sowie der Fang mit Tellereisen und Schwanenhals zur Anwendung.
Für den extremen Rückgang von Hase und Rebhuhn trägt allerdings der Fuchs nicht die Hauptverantwortung. Er wird von jeher ohne Schonzeit ganzjährig bejagt.

16. Dachs (*Meles meles*)

Der Dachs ist in Europa und Asien, so auch in Deutschland, flächendeckend verbreitet. Er bewohnt in der Ebene wie auch im Gebirge vielseitig gestaltete Lebensräume wie Wälder, Feldgehölze, Felder, Hecken, Uferböschungen und ähnliche Biotope. Der Dachs lebt in selbst gegrabenen Erdhöhlen mit Gangsystem und geräumigem Kessel. Er ist nachtaktiv und verbringt den Tag im Bau. Außerdem hält er eine lange Winterruhe. Seine Nahrung ist sehr vielseitig. Als Allesfresser ernährt er sich von Regenwürmern, Schnecken, Kleinsäugern, Kerbtieren und ihren Larven, Gelegen mit Jungvögeln, Bodenbrütern, jungen Kaninchen und Hasen sowie von Aas. Wo möglich werden auch Feld- und Gartenfrüchte wie Hafer, Gemüse und Fallobst verspeist.
Das Wildbret des Dachses ist essbar. Es unterliegt der Pflicht zur Trichinenbeschau. Die Schwarte ist eine beliebte Trophäe des Erlegers. Das Fett findet mehrfache Verwendung und die Haare verwendet man zur Pinselherstellung.

Jagdlicher Schaden entsteht in Niederwildrevieren, weshalb er intensiv auf verschiedene Art bejagt wird. Dazu zählt der abendliche Ansitz in Dachsbaunähe wie auch die nächtliche Hetzjagd mit Hund. Sehr im Gebrauch war der Fang mit eisernen Fallen, besonders mit Teller- oder Abzugseisen in der Einfahrröhre. Die Erdjagd mit geeigneten Hunden und das Ausgraben der Tiere zählen ebenfalls zu den gängigen Jagdmethoden.

Die Jagd auf den Dachs wurde nach dem Reichsjagdgesetz vom 1. August bis zum 31.Dezember ausgeübt. In der DDR hatte der Dachs als jagdbares Tier ganzjährige Schonzeit.

17. Baummarder (*Martes martes*)

Größere zusammenhängende Waldgebiete sind der Lebensraum des Baummarders, den der Jäger wegen seines dottergelben Kehlflecks auch „Gelbkehlchen" nennt. Er ist ein gewandter Kletterer und Springer. Tagsüber schläft er in hohlen Bäumen, in Eichhörnchenkobeln und Greifvogelhorsten. Vom Abend bis zum Morgen streift er beutesuchend viele Kilometer weit umher. Seine Beute sind kleinere Säugetiere und Vögel. Dazu zählen Eichhörnchen, Bilche, Mäuse, Jungvögel, Vögel auf Schlafbäumen und andere sich bietende Gelegenheitsopfer.

Bejagt wird er im Winter bei Schnee durch „Ausneuen". Man folgt einer Spur bis zum Schlafplatz und bringt ihn durch Klopfen zur Flucht und zum Springen. Üblich war auch der Ansitz am Luderplatz, der Fang in der Knüppelfalle, der Kastenfalle oder mit Abzugseisen.

Der Baummarder ist im Bestand sehr rückläufig und darf nicht mehr bejagt werden. Seine jagdliche Bedeutung war im Eichsfeld sehr gering. In der Roten Liste Thüringens ist die Art als „stark gefährdet" eingestuft. (4. Fassung Stand 10/2020)

18. Steinmarder (*Martes foina*)

Der Steinmarder bevorzugt die Nähe menschlicher Siedlungen und ist bis in die Großstädte vorgedrungen. Die starke Zunahme und Verbreitung spiegelt seine Anpassungsfähigkeit an die Zivilisation wider.

Tagsüber ist er auf Heuböden, Speichern, in trockenen Wegedurchlässen, Stein- und Reisighaufen oder anderen Deckung bietenden Schlupfwinkeln anzutreffen, nachts geht er auf Raub aus. Seine Beute sind Mäuse, Ratten, Wildkaninchen, bodenbrütende Vögel und deren Gelege. Gelangt er in Geflügelställe, tötet er alles, so lange es sich rührt. An abgestellten Kraftfahrzeugen zerbeißt er Kabel und Schläuche.

Bejagt wird er im Winter nach einer „Neuen" an Einzelgehöften, Scheunen und Stallungen, wo er hinein, aber nicht mehr heraus kommt. Mit metallischem Lärm wird er zur Flucht getrieben. Im Gebrauch waren auch Tellereisen, die an festgestellten Aufsprungstellen aufgestellt wurden. Verhältnismäßig leicht ließ sich der Steinmarder in Prügelfallen, Kastenfallen und mit dem Abzugseisen fangen. Auch der Einsatz von Hunden ist erfolgversprechend. Im Gegensatz zum Baummarder sind gegenwärtig keine Rückgangserscheinungen des Bestandes erkenntlich.

19. Wildkatze (*Felis sylvestris*)

Die Wildkatze war ursprünglich in Deutschland in ihr zusagenden Bereichen wie Waldgebieten und deckungsreichen Landschaften weit verbreitet. Ihre Nahrung besteht überwiegend aus Mäusen, Vögeln, Fischen und Schlangen. Von jeher wurde sie als Schädling der Jagd deklariert und überall stark bejagt. Nach gnadenloser Verfolgung im 19. Jahrhundert war die Wildkatze in vielen Gebieten in Deutschland ausgerottet oder nur noch in geringer Besiedlungsdichte vorhanden. Im Eichsfeld wie auch im nördlich angrenzenden Harz überstand sie die intensiven Nachstellungen. Dies lässt sich nahezu lückenlos beweisen:

1900	13. Oktober, bei Stöckey wurde eine Wildkatze geschossen. (Heiligenstädter Zeitung vom 16.10.1900)
1902	20. November, an der Plesse bei Hildebrandshausen wurden zwei Wildkatzen erlegt. (Heiligenstädter Zeitung vom 20.11.1902)
1906	Bei Hildebrandshausen auf der Plesse wurde eine Wildkatze erlegt (Rummel, Unser Eichsfeld 1932/4)
1935	Im Revier Ahrendshausen wird eine verendete starke Wildkatze gefunden. (Skelett-Naturaliensammlung im Heiligenstädter Heimatmuseum)
1936	20. November, bei Ruhmspringe erlegt man eine Wildkatze (Eichsfelder Volkszeitung vom 20.11.1936)
1958	12. Februar, am Uhlenstein bei Effelder wird eine starke Wildkatze erlegt. (Präparat bei Josef Weber, Effelder)
1965	20. November, im Westerwald bei Wachstedt wird bei einer Drückjagd versehentlich eine Wildkatze erlegt. (Monatliche Statistik, Jagdleiter E. Fritze)
1982	21. Oktober, bei Rohrberg wurde auf einer Jagd eine Wildkatze erschossen. (U. Heise, Heimische Tierwelt, Eichsfelder Heimathefte 1983 S.58)
1988	18. November, bei einer Ansitzjagd bei Kirchohmfeld wird ein Kuder erlegt (Jagdstatistik Forstamt Heiligenstadt)
1992	September, bei Breme verendete eine Wildkatze als Verkehrsopfer. (Statistik Naturschutzbehörde Worbis)
1993	21. März, Wildkatzentotfund im Ohmgebirge durch Peter Hahn (Bericht Revierförsterei Andreas Hentschel)
2005/06	4. Dezember und Januar 2006, auf der Straße zwischen Großbartloff und Wilbich wurden zwei Wildkatzen Verkehrsopfer. (Bericht Revierförster Johannes Großheim)

Abgesehen von den Belegen toter Wildkatzen gibt es zahlreiche Hinweise durch Beobachtungen und Nachforschungen. So berichtet Professor Franz Neureuter 1912 in seiner „Eichsfeldischen Heimatkunde" über Wildkatzenbeobachtungen an der Plesse, am Hülfensberg bei Geismar und bei Thalwenden. Rudolf Piechocki bestätigt 1990 in „Die Wildkatze" (Neue Brehm Bücherei) das Wildkatzenvorkommen im Bereich des Eichsfeldes. Im Forstrevier Westerwald stehen Wildkatzenbeobachtungen durch Jäger von jeher und auch gegenwärtig auf der Tagesordnung.

Die Jagdmethoden auf Wildkatzen waren früher sehr vielseitig. Verbunden mit der Pirsch

war die Lockjagd mit Hasenquäken und das Heranmäuseln Erfolg versprechend. Bei Drück- und Treibjagden stand sie oben auf der Bejagungsliste. Verbreitet war auch der Fang mit Knüppel- und Kastenfallen sowie mit Teller- und Abzugseisen.
Aufgrund der späteren Schutzmaßnahmen und anderer günstiger Faktoren erfuhr das Vorkommen der Wildkatze eine positive Entwicklung. Sie ist seit Jahrzehnten wieder in der Ausbreitung begriffen.
Seit dem Zweiten Weltkrieg führte die Auflichtung der Wälder durch zahlreiche Kahlschläge und Windwurfflächen als Folge von Sturmkatastrophen zu einem verstärkten Gras- und Krautwuchs. Dies wiederum hatte eine Erhöhung der Mäusebestände und damit ein reichliches Nahrungsangebot für die Wildkatze zur Folge.
Von einsichtigen Jägern wurde die rücksichtslose Verfolgung noch rechtzeitig als Fehler erkannt und eingestellt. Die Wildkatze erhielt ganzjährig Schonzeit und wurde unter Naturschutz gestellt. In der Roten Liste Thüringens (4. Fassung, Stand 10/2020) ist die Art als gefährdet aufgeführt.

20. Iltis (*Mustela putorius*)

Der Iltis, auch als Ratz, Stänker oder Stinkmarder bekannt, kommt in ganz Mitteleuropa vor. Er wurde in Deutschland als Schädling der Niederwildjagd intensiv verfolgt. Er bevorzugt bewaldetes Flachland, auch die Nähe von Gewässern und menschlichen Siedlungen. Im Sommer hält er sich in Wald und Flur mit passenden Verstecken wie verlassenen Fuchs-, Dachs- oder Kaninchenbauen auf. Im Winter ist er in der Nähe der menschlichen Siedlungen in Scheunen, Stallungen und auf Dachböden zu finden.
Die Nahrung der nachtaktiven Beutegreifer ist vielseitig und richtet sich nach dem entsprechenden Angebot. Dazu zählen Mäuse, Ratten, aber auch Sperlinge, Geflügel und Kaninchen ebenso wie Fische und Lurche.
Bejagt wurde er mit verschiedenen Methoden. Verwendet wurden Abzugsfallen wie auch Prügel- und Kastenfallen. Auch die Lockjagd war möglich, denn er reagiert auch auf Hasenklage und Mäuseln. Im Winter wurde er nach einer „Neue“ eingekreist und aus dem Versteck gesprengt. Hier ist ein scharfer Hund angebracht. Angegriffen und bedrängt entleert der Iltis seine Stinkdrüsen und kann damit den Hund abwehren.
In der DDR gehörte er noch zu den jagdbaren Tieren mit zeitweiliger Schonzeit.
In der Roten Liste Thüringen ist die Art „vom Aussterben bedroht“ (4. Fassung vom Stand 10/2020)

21. Waschbär (*Procyon lotor*)

Der aus Nordamerika stammende Waschbär ist keine heimische Tierart. Er wurde durch Menschenhand eingeführt. Eigentlich für die Pelztierzucht in Europa vorgesehen, gelangten mehrfach Waschbären in die Freiheit oder wurden gezielt ausgewildert. In Deutschland wurden 1924 und 1937 in der Nähe des Edersees in Hessen etwa 30 Waschbären zur Einbürgerung ausgesetzt. Durch Kriegseinwirkung gelangten 1945 im Harz und bei Berlin einzelne Tiere aus Pelztierfarmen in die Freiheit.Von diesen einzelnen Vorkommen bauten sich in der Folge stabile Populationen auf. Bereits 1952 hatte sich der Waschbär in Hessen bis nach Niedersachsen ausgebreitet. Er erreichte 1954 den Kaufunger und den Reinhardswald. In den Bereich des Meißners und in den Eschweger Raum gelangte die Ausbreitung 1959. Etwa 1965 erschien der Waschbär in den Randgebieten des Südeichsfeldes. Den ersten Waschbär im Eichsfeld erlegte 1975 der Jäger Fromm aus Röhrig. Die Ausbreitung überquerte in rascher Folge das gesamte Eichsfeld. Von 1975 bis 1990 wurden von 6 Eichsfelder Jagdgesellschaften 285 Waschbären geschossen oder gefangen. Hinzu kamen noch zahlreiche Verkehrsopfer. Inzwischen erstreckt sich sein Ausbreitungsgebiet so gut wie über ganz Deutschland. Als Kulturfolger findet er auch in menschlichen Siedlungen, ja sogar in Großstädten einen geeigneten Lebensraum.

Er ist ein dämmerungs- und nachtaktiver Jäger, der sich tagsüber versteckt in Baum- oder Erdhöhlen sowie an anderen Deckung bietenden Orten aufhält.

Als Allesfresser hat der Waschbär ein vielseitiges Nahrungsspektrum. Er erbeutet vorwiegend wassernah lebende Kleintiere wie Fisch, Krebse oder Lurche, daneben Kleinsäuger wie Mäuse und Ratten sowie Vögel und deren Eier. Die pflanzliche Nahrung besteht aus Obst, Beeren, Eicheln und Feldfrüchten wie Mais, Hafer und Kartoffeln. Eine besondere Vorliebe hat er für Süßes, auf der Suche danach räumt er z.B. Müllbehälter aus.

Der Waschbär ist ein Nahrungskonkurrent für unser heimisches Raubwild und stellt eine ernste Bedrohung für unsere Lurchbestände dar.

Natürliche Feinde sind Wolf, Luchs und Fuchs. Unter den invasiven Säugetieren ist der Waschbär das größte Problem.

Durch eine Ergänzung des Jagdgesetzes der DDR von 1971 wurde er als jagdbares Wild ohne Schonzeit eingestuft. Seine Bekämpfung durch Abschuss oder Fang und eine damit einher gehende Reduzierung der Bestände ist eine dringend notwendige Schutzmaßnahme für die einheimische Fauna.

Waschbärenfamilie und eine wildernde Katze. Strecke eines Tages.
Foto: Josef Weber

Federwild

1. Steppenhuhn *(Syrrhaptes paradoxus)*

Überraschend für die Jagdinteressenten tauchte in Mitteleuropa und damit auch in Deutschland im 19. Jahrhundert das in den Steppen Innerasiens beheimatete Steppenhuhn auf, nach Jahresfolgen erstmals 1848 und dann 1853, 1859, 1861–1865,1876–1880, 1882, 1883, 1886-1890, 1904, 1906 und 1908–1909. In westlicher Richtung erreichten die Einflüge dann Holland, Belgien, Frankreich und England. Einwanderungen in großer Zahl gab es 1863, 1888 und 1908. Wegen entsprechenden Erwartungen wurde größte Schonung der Tiere dringend angezeigt. Leider erfüllte sich die Hoffnung, dass die Fremdlinge sich dauernd bei uns niederlassen würden nicht. Sie verschwanden jedes mal wieder.

In Thüringen liegen festgehaltene Beobachtungen und Erlegungen von Einzelexemplaren aus den Jahren 1863, 1888, 1892 und 1908 vor. Auch im Eichsfeld und seinem Umfeld wurden einzelne Steppenhühner erlegt.

1888 bei Besenhausen	(Heiligenstädter Zeitung vom 22.06.1888)
1888 bei Reinholterode	(Heiligenstädter Zeitung vom 20.09.1888)
1888 bei Königsthal (Bleicherode)	(Heiligenstädter Zeitung vom 11.05.1888)
1892 bei Ammern	(Heiligenstädter Zeitung vom 27.10 1892)

Weitere Quellen: Hugo Hildebrandt in „Ornis Thüringen" 1978 und von Dr. Ernst Schäff „Der Zug des Steppenhuhns nach dem Westen" aus: Deutsche Jägerzeitung 1910

2. Großtrappe *(Otis tarda)*

Die Großtrappe, ursprünglich ein Steppenvogel, ist in Mitteleuropa wenig verbreitet und nur in geringer Zahl in großräumigen, baumarmen Ebenen mit Getreideanbau vorhanden. Die Obereichsfelder Landschaft besitzt diese Voraussetzungen nicht. Die dem Eichsfeld nächstgelegenen Großtrappen-Vorkommen waren östlich von Mühlhausen in der Randzone des Thüringer Beckens zu finden.

Allerdings erwähnt Strecker in der zweiten Hälfte des 19. Jahrhunderts ein Brutvorkommen bei Dingelstädt. Nach Sellmann nistete die Großtrappe um 1900 auf den Heilinger Höhen und auf dem Roten Berg. In diesem Bereich wurden 1924 drei Großtrappen geschossen. [39] Für Erlegungen im Eichsfeld fehlen die Hinweise. Bis 1940 gab es im Mühlhäuser Gebiet noch Brutnachweise, bis 1945 noch Einzelbeobachtungen. Bei den Vorkommen in Mittel- und Nordthüringen wurde 1948 die letzte Brut nachgewiesen. Im nördlichen Deutschland gibt es auch heute noch einige Großtrappen-Vorkommen. Insgesamt gesehen hatte dieser größte Hühnervogel für die Eichsfelder Jäger nur eine geringe Bedeutung.

3. Auerhuhn (*Tetrao urogallus*)

Vom Mittelalter bis in das 19. Jahrhundert besiedelten unsere drei verschiedenen Waldhuhnarten alle größeren Waldgebiete des Flachlands und der Gebirge. Aus vielen Teilen Deutschlands sind die Raufußhühner gegenwärtig verschwunden. Durch die Intensivierung der Forstwirtschaft seit der Mitte des 18. Jahrhunderts mit Monokulturen, schlagweisem Hochwald und Kahlschlägen wurden in zunehmenden Maße die Lebensgrundlagen unserer Waldhühner zerstört. Als Rückzugsgebiete erwiesen sich Teile der Mittelgebirge und weniger zugängliche größere Waldgebiete mit Misch- und Nadelwald bis in die ersten Jahrzehnte des 20. Jahrhunderts. In einigen Gebieten wie in Thüringen konnten sich vorhandene Waldhuhn-Bestände, allerdings in ständig schrumpfender Zahl, bis zur Gegenwart erhalten. Bereits seit Ende des 19. Jahrhunderts gab es mehrfach Versuche, noch vorhandene Restbestände durch Auswildern gezüchteter Vögel zu stärken oder auch dort, wo sie bereits verschwunden waren, wieder neu einzubürgern. Im Harz wurde das Auerwild bereits kurz nach dem 1. Weltkrieg ausgerottet, jedoch in der Folgezeit mehrfach und an unterschiedlichen Orten wieder eingebürgert. Seit 1978 lief dort ein Auswilderungsprogramm, das allerdings als gescheitert gilt. Zwischen 1978 bis 1991 wurden hier 640 Stück Auerwild ausgewildert. In Thüringen war der Auerwildbestand zwischen 1970 bis 1990 von 300 auf 20 Altvögel geschrumpft. In Langenschade bei Rudolstadt wurde 1987 eine Auerwild-Aufzuchtstation angelegt. Nach 5 Jahren konnten bereits 100 Jungvögel ausgewildert werden. Insgesamt kamen in der Folgezeit bis zur Gegenwart sowohl aus der Aufzuchtanlage als auch durch Wildfänge aus Schweden und der russischen Taiga 350 Auerhühner in Thüringen zur Einbürgerung.

Das Auerwild hat sehr spezifische Biotopansprüche, dazu zählen das Vorkommen der Waldameise und der Heidelbeere. Hinzu kommen ausreichende Deckung, Ruhe und geeignete Balzplätze. Weniger durch Bejagung als vielmehr durch die Beeinträchtigung des Lebensraumes ist das Auerwild heute auf wenige Waldgebiete zurückgedrängt worden.

Der Artenschutzexperte Dr. Claus schätzt am 28.11.2022 die bisher erzielten Erfolge in der Wiederansiedlung des Auerwildes als äußerst gering ein. Der Fortführung des Auswilderungsprojekts drohenden überdies Gefahren, die sehr vielseitig und teilweise nicht beeinflussbar sind.

Auerwild – Chronik der letzten Nachweise im Eichsfeld und angrenzenden Gebieten

1879	Auerwild-Vorkommen im Heiligenstädter Stadtwald
1882	ein Auerhahn bei Bockelnhagen erlegt (Strecker Ztg.1882)
1899	ein Auerhahn bei Wahlhausen erlegt (Strecker Ztg.1899)
1900	drei Auerhähne bei Bischhausen erlegt (Strecker Ztg. 01.05.1900)
1903	Auerwild noch Standwild auf der Gobert [40]
1904	ein Auerhahn bei Rustenfelde erlegt
1907	ein Auerhahn im Reinhardswald erlegt
1911	Auerwild siedelt sich im Stadtwald Heiligenstadt an
1912	ein Auerhahn bei Oberrieden erlegt
1914	ein Auerhahn im Reinhardswald erlegt
1930	Auerwildvorkommen bei Allendorf und im Kaufunger Wald
1932	letzter Auerwildnachweis im Heiligenstädter Stadtwald

1932 Auerwild wird im Kreis Eschwege unter Schutz gestellt
1934 ein Auerhahn im Schlierbachswald bei Eschwege erlegt
1934 im Reinhardswald erlischt das Auerwild-Vorkommen (Schumann)
1940 Auerwildbeobachtungen bei Siemerode/Riesbach
1957 Auerwildbeobachtungen im Heiligenstädter Stadtwald
1959 Auerhuhn-Totfund auf dem Dün bei Heiligenstadt
bis 1960 Auerwildnachweise am Hohen Meißner
1972 Auerwild auf der Gobert und im angrenzenden Bereich
1979 Auerwildbeobachtungen im Schlierbachswald bei Eschwege
1985 Auerwild im Kaufunger Wald verschwunden

Das dem Eichsfeld nächste Auerwildvorkommen ist heute wiederum im Kaufunger Wald zu finden und zwar in dem Bereich der Auerhahnhütte, die als verschlossene Jagdhütte steht.

4. Birkhuhn (*Lyrurus tetrix*)

Für das Birkwild gab es im Eichsfeld verhältnismäßig wenige Vorkommensgebiete. Moorflächen fehlten und die größeren geschlossenen Buchenhochwälder waren keine geeigneten Birkwildbiotope.
Ausführlich beschreibt Strecker (1879) das Birkwildvorkommen im Zehnsberg bei Leinefelde, das bis etwa 1860 existierte. Hier die wörtliche Wiedergabe:
„Auf der Kalten Linde, einem Forsthause und Revier bei Leinefelde, hatte dieser Vogel genistet. Der Oberförster Dietrich hegte ihn und er vermehrte sich und hielt sich eine Reihe

Birkenhahnbalz.

Balsender Auerhahn.
Zeichnung Karl-Heinz Fritze

von Jahren. Doch die Jäger der Umgebung schossen ihn in den umliegenden Feldgehölzen und haben ihn vor etwa 20 Jahren ausgerottet."

Nach Blath war um 1900 das Birkwild im nordöstlichen Eichsfeld bereits verschwunden. Neureuter erwähnt 1912, das Birkwild sei an der Südwestgrenze noch Standwild. Gemeint war hier wohl das Gebiet um den Höhberg, die Hörne und den Gobert.

Birkwildchronik der letzten Nachweise im Eichsfeld und angrenzenden Gebieten

1909 Ein Birkhahn wurde bei Großburschla erlegt. (Ztg. 1909)

1925 Eine Birkhenne im Schlierbachswald bei Eschwege erlegt.

1930/31 Das Birkwild ist im Reinhardswald und Kaufunger Wald verschwunden.

1932 erwähnt Rummel noch ein Birkwildvorkommen auf der Gobert.

1970 Überraschend gab es seltene Birkwildbeobachtungen im Schlierbachswald bei Eschwege.

1972 Birkwildbeobachtungen auf dem Hohen Meißner

5. Haselhuhn *(Tetrastes bonasia)*

Das Haselhuhn ist aufgrund seiner Anpassung an dickichtreiche Lebensräume und sein wenig auffälliges Balzverhalten ein schwer zu beobachtender Vogel.

Mehrere angeblich „letzte Beobachtungen" mussten Jahre später korrigiert werden.

Chronik der Haselwildnachweise im Eichsfeld und angrenzenden Gebieten

Nach dem Jagdbuch des Freiherrn von Minnigerode wurden in den dreißiger Jahren des 20. Jahrhunderts im Bockelnhagener Revier 4 Haselhühner erlegt. (Blath 1913)

1942 Haselhuhnbeobachtungen im Forstrevier Zehnsberg durch Revierförster Pomrehn

1956 bis 1964 wird Haselwild auf der Gobert bestätigt (Reinhardt)

1959 Haselwildbeobachtungen auf dem Stein bei Dietzenrode (Göbel)

1966 zwei Haselhühner abfliegend im Forstrevier Westerwald (Fritze)

1970 Haselwildbeobachtungen bei Weidenbach (Göbel)

1972 (am 09.04.) Haselwild im Dün bei Heiligenstadt (Reder)

1977 ein Haselhuhn im Heiligenstädter Stadtwald (Poppe)

1981 zwei Haselhühner bei Asbach (Wodner)

1982 letzte Haselhuhnbeobachtungen im Harz

1985 bis 1986 wurde im Harz ein Wiederansiedlungsprogramm begonnen. Das Artenhilfsprogramm „Sophienhof" entstand unter Leitung von Revierförster Klaus Thiemrodt.

ab 1986 werden jährlich mehrere im Harz aufgezogene Haselhühner in die freie Wildbahn entlassen.

2021 (am 01.09.) ein Haselhuhn wird im Zehnsberg bei Hundeshagen mehrfach beobachtet und von glaubwürdigen Bürgern bestätigt. Vermutlich stammt es aus dem Auswilderungsprogramm des Harzes.

6. Waldschnepfe (*Scolopax rusticola)*

Die Waldschnepfe ist Zugvogel mit dem Hauptbrutgebiet in Nordeuropa. In Deutschland kommt sie zerstreut in deckungsreichen Laub- und Mischwäldern als Brutvogel vor. Auch im Eichsfeld wurden mehrfach Brutvorkommen nachgewiesen. Im Frühjahr, während des Rückzugs in die Brutgebiete aus den südwesteuropäischen und nordafrikanischen Winterquartieren, streichen die Schnepfen im Suchflug an Waldrändern entlang und lassen dabei ihr dumpfes „Quorren" hören. Die in Bodendeckung liegenden Weibchen antworten mit zwitscherndem „Puitzen." Beim Zusammentreffen erfolgt die Paarung. Der Flug beginnt in der Regel abends und ist intensiver als morgens. Sehr beliebt war die frühere Balzjagd auf dem Schnepfenstrich. Auch eine Suchjagd mit dem Vorstehhund war gelegentlich üblich. Eine Bejagung der Waldschnepfe im Herbst war wenig Erfolg versprechend weil sie dann höher und stets stumm fliegt. Ab dem Jahr 2000 erhielt die Waldschnepfe eine ganzjährige Schonzeit.

7. Rebhuhn *(Perdix perdix)*

Als typischer Steppenvogel lebt das Rebhuhn heute in der offenen Agrarlandschaft des Tieflandes. Eine stärkere Verbreitung erfolgte bei uns erst im 18., vornehmlich im 19. Jahrhundert. Mit der Vervollkommnung der Binnenentwässerung und der Erweiterung trockener landwirtschaftlicher Kulturflächen erhöhte sich der Rebhuhnbestand erheblich. [41] Freiherr von Minnigerode bezeichnete das Rebhuhn im Eichsfeld um 1900 als häufig vorkommend.

Die Fluren mit Ackerrainen, Hecken, Hochstauden und Brachland bilden ein günstiges Rebhuhnbiotop. Bejagt wurde es durch Pirsch, möglichst mit einem Vorstehhund. Deutschlandweit sind in den letzten Jahrzehnten, besonders ab Ende der 1970er Jahre, die Rebhuhnbestände stark zurückgegangen. Dieser Rückgang steht in engem Zusammenhang mit der Intensivierung der Landwirtschaft und damit verbunden mit dem Verlust an Nahrung und Deckung für das Rebhuhn.

Genauer betrachtet sind die Entwicklung einer zunehmend maschinengerechten Agrarwirtschaft verbunden mit einer umfangreichen Chemisierung sowie die anscheinend unaufhaltsame Zersiedlung der Landschaft Ursachen für den Rebhuhnschwund.

Auch im Eichsfeld ist wie vielerorts der Rückgang der Rebhuhnbestände feststellbar, stellenweise ist das Rebhuhn schon vollkommen verschwunden. Die Bejagung wurde schon vor Jahrzehnten eingestellt. Das Rebhuhn steht heute bereits auf der Roten Liste.

In Jagdzeitschriften der 1900er Jahre ist die Rebhuhnjagd verschiedenartig geschildert worden. Nach Aufgang der Hühnerjagd gab es die Möglichkeit „Schießen auf den Ruf" durchzuführen. Ertönte der typische Ruf „Girlitt", so lockte der Jäger mit dem „Hühnerruf." Solche technischen Hilfsmittel konnte man sich damals in allen größeren Jagdrequisitenhandlungen kaufen.

Mit einbrechendem Winter mit Schneedecke erfolgte die Pirsch auf Rebhuhn und Hase. Erkannte man im Schnee einen kreisförmigen größeren dunklen Fleck, konnte man davon ausgehen, dass sich ein Volk Rebhühner eingegraben hatte und dicht gedrängt kesselförmig beieinander lagen. Mit gespannter Flinte musste der Jäger diesen Kessel erst in weitem Bogen und dann immer enger werdend umkreisen, ohne direkt zu den Hühnern zu sehen. Mit

Erreichung einer optimalen Schussentfernung im Augenblick des Stillstehens wurde ein ungezielter Schuss abgegeben. Der geübte Schütze brachte dann auf die aufstehenden Hühner waidgerecht seine Schüsse an.
Sehr verbreitet war die Pirsch mit Vorstehhunden, in der Regel mit einem Deutsch-Drahthaar.

8. Fasan *(Phasianus colchicus)*

Der Fasan ist heute ein weltweit geschätztes Jagdwild und in West- und Mitteleuropa auch ein weit verbreiteter Brutvogel. Die heute bei uns unter dem Sammelbegriff Jagdfasan bezeichnete Art ist eine Kreuzung aus verschiedenen Ursprungsrassen, die vor Jahrhunderten, besonders mit Beginn der Römerzeit, aus ihrer ostasiatischen Heimat nach Europa eingeführt wurden. Der Jagdfasan ist als Bestandsform ein Kreuzungsergebnis verschiedener Unterarten, insbesondere aus dem Kupferfasan des Schwarzmeergebiets und dem chinesischen Ringfasan. Später entstand die Bezeichnung Jagdfasan.
Durch die Römer wurden die Fasane nach Frankreich, England und ins deutsche Rheinland gebracht, allerdings in Volierenhaltung als Luxusvogel und als Leckerbissen.
Die Römer beherrschten die Fasanenaufzucht und Haltung (Knoll 1973).
Später nahmen sich in Deutschland die Klöster und Fürstenhöfe der Fasanenzucht an. Zwar als Delikatesse geschätzt, diente der Fasan auch als Ziervogel in Parkanlagen. Hinweise über das Vorkommen freilebender Fasane im Rheinland können auf das 12. und 13. Jahrhundert datiert werden. Seit dem 11. Jahrhundert ist der Fasan auch in Böhmen bekannt. Um das Jahr 1333 gab es Fasanengehege in Hessen. Von der Mitte des 16. Jahrhunderts an finden wir auch Fasane außerhalb der Gehege in freier Wildbahn. Sie wurden immer häufiger an Fürstenhöfen und Adelssitzen gehalten. Im Jahr 1416 legte Herzog Ludwig VII. von Bayern (der Gebartete) die erste Fasanerie in Ingolstadt an. Einbürgerungen von Fasanen durch Philipp I. (der Großmütige) in Hessen erfolgten im Jahre 1553.
Über mehrere Fasanerien kam es vielerorts zu Auswilderungen, die auch zeitweilig besonders in den Auelandschaften des Rhein-Maingebietes Bestand hatten. Erst nach der Erfindung des Schießpulvers und des Jagdgewehrs wurde der Fasan allmählich zum Jagdwild. Die erstmalige Erwähnung eines Schrotschusses auf Fasanen datierte auf das Jahr 1556. Im 16. Jahrhundert führte Friedrich III. (der Weise) 200 Fasane in Sachsen ein. In Preußen wurden 1678 erstmals Fasane erwähnt. In Westfalen wurde der Fasan ab 1789 eingebürgert. Zwischen 1715 und 1725 erlegte Kurfürst Maximilian II. Emanuel von Bayern 2.357 Fasane. Die Beizjagdstrecke des Markgrafen Wilhelm Friedrich von Brandenburg-Schwedt betrug zwischen 1730 und 1771 u.a. 985 Fasane. Bereits seit dem Mittelalter war der Fasan zu einem beliebten Jagdwild des Adels geworden. In Thüringen gab es den Fasan bereits im 16. Jahrhundert.
Im 18. Jahrhundert richtete Prinz Wilhelm von Sachsen-Gotha-Altenburg in Ichtershausen und Tonna Fasanerien ein.
Für das Kurmainzer Eichsfeld gibt es keine Hinweise auf das Vorhandensein von Fasanerien oder Einbürgerungen von Fasanen. Im Mühlhäuser Territorium brütete 1753 ein Fasanenpaar. Die Jagd auf Fasane wurde dort damals unter Strafandrohung verboten. [42]

Im Obereichsfeld kam es in der ersten Hälfte des 19. Jahrhunderts zu einer Fasenenerlegung bei Silberhausen (Dr. Strecker). Vermutlich handelte es hier lediglich um ein zugewandertes Exemplar.

Bereits in den 1880er Jahren existierte im dem Eichsfeld angrenzenden Werratal in Schwebda eine Fasanerie. Die Fasanenerlegungen 1888 bei Wahlhausen und 1892 bei Eichstruth (Ztg.) stehen vermutlich mit dieser Fasanerie im Zusammenhang.

In den Jagdbereichen des Landrats von Keudel wurden damals sehr erfolgreich Fasane ausgewildert. Bei einer Treibjagd im Jahr 1913 im Raum Großtöpfer wurden 15 Fasane erlegt. (Ztg.)

Nachdem nach 1850 die Jagd bürgerlich geworden war, entstanden in Deutschland vielerorts Fasanerien. Im Obereichsfeld kam es zwischen 1906 bis 1910 in mehreren Jagdrevieren in den Leinetalfluren von Uder, Rengelrode und Westhausen zu Einbürgerungen von Fasanen. Als Hauptinitiator galt der damalige Bürgermeister von Uder, Johannes Föllmer. Er war in Uder Jäger und Jagdpächter. Im gleichen Zeitraum wie in Uder und Rengelrode wurden in Westhausen durch Pfarrer Schäfer, der dort Jagdpächter war, Fasane ausgewildert. Er hatte eigens für diese Aktion einen Raubzeugfänger eingestellt. Auf Treibjagden wurden in den ersten Jahren nach 1910 vereinzelt Fansane erlegt. Im Jagdrevier Uder wurden 1911 von 12 nachweislich vorhandenen Fasanen vier erlegt. In Mengelrode, im Pachtrevier des Lehrers Rindermann, lagen bei einer Treibjagd ebenfalls vier Fasane auf der Strecke. Letzte Fasanenbeobachtungen gelangen in diesem Gebiet noch 1917. Der Einbürgerungsversuch war misslungen, die Gründe dafür vielseitig aber nicht klar erkennbar. Vom Küllstedter Jagdpächter Adolf Müller wurden im gleichen Zeitraum von 1906 bis 1910 ebenfalls Fasanen ausgewildert. Er legte zur Raubwild- und Raubzeugbekämpfung Strychnin in Brockenform aus. Das Gift hatte er von dem befreundeten und auch jagdberechtigten Küllstedter Apotheker Heinrich Mentrop erhalten. Man fand tatsächlich eine größere Anzahl verendeter Füchse, aber in der Folge wurde aus dieser Aktion eine Katastrophe.

Ein wertvoller Deutsch-Kurzhaar-Vorstehhund, der aus der Müller'schen Zucht stammte, verendete an einem Giftköder. Es betraf leider auch den jagdlich sehr aktiven und geachteten Kaufmann Josef Ortmann. Da auch zahlreiche sogenannte „Dorfköter“ für immer verschwunden blieben, brachte diese Aktion dem verantwortlichen Verursacher viel Ärger ein und blieb in dieser Form ein einmaliges Ereignis.

Wie schon im Bereich Uder kam es auch in Küllstedt zu keiner bleibenden Ansiedlung. Nach wenigen Einzelerlegungen in Küllstedter Pachtrevieren kamen 1908 drei Fasane zur Strecke.

Zur Bejagung der Fasane muss ergänzend gesagt werden, dass nur auf das fliegende Huhn der Schuss als waidgerecht gilt. In der Regel werden nur Hähne bejagt, die Hennen genießen ganzjährige Schonzeit.

Nach dem Zweiten Weltkrieg entstanden ab Mitte der 1950iger Jahre vielerorts wieder Ansiedlungsversuche mit Fasanen. In Ostdeutschland gab es auf der Jagdebene zwei grundlegende Veränderungen:

1. *Alle jagdbaren Tiere wurden Eigentum des Volkes, dessen Bewirtschaftung dem Staat oblag.*
2. *Die Bewirtschaftung der Jagdgebiete wurde den Staatlichen Forstwirtschaftsbetrieben (StFB) übertragen.*

In der DDR kam 1953 mit dem „Gesetz zur Regelung des Jagdwesens" das Jagdgeschehen in geregelte Bahnen. Viele Jagdkollektive versuchten den Federwildbestand zu verbessern. Hierzu diente vorrangig die Wiedereinbürgerung von Fasanen. In den Jagdgebieten Dörna und Anrode wurden ab 1958 Fasanenaufzuchtvolieren angelegt. Von 1959 bis 1966 konnten insgesamt 158 Fasanen ausgewildert werden. Im Bereich des StFB Heiligenstadt wurden die Bemühungen, Fasanen wieder auszuwildern, vorrangig von Forstmeister Friedrich Brückner organisiert und vorangetrieben.

Auf der Grundlage einer Standortskartierung über alle Forstbetriebsflächen wurde eine Gliederung verschiedener Wuchsbezirke erarbeitet. Für eine Auswilderung ungeeignete Gebiete wie größere zusammenhängende Waldgebiete oder klimatisch benachteiligte Mittelgebirgshochlagen wurden ausgegliedert. Mit finanzieller Unterstützung der Jagdbehörde des Kreises wurde unter Anleitung von Forstmeister Brückner 1960 in Heiligenstadt eine Fasanenaufzuchtstation gebaut. Ab 1961 wurden in geeigneten Gebieten erste Auswilderungen durchgeführt. Diese Arbeitsweise wurde in den 1960ger Jahren zielgerichtet fortgesetzt. Innerhalb der Öberförsterei Leinefelde baute Revierförster Kohlstedt in Breitenworbis 1965 eine weitere Fasanenaufzuchtvoliere. Bis 1968 kamen sechs weitere hinzu.

Die Fasaneneier wurden von einer Brutmaschine ausgebrütet, die geschlüpften Küken kamen nach 10 Wochen bis zum Aussetzen im Frühjahr zur Aufzucht nach Haynrode und wurden dort vom Revierförster Müller betreut.

Seit 1971 baute der StFB Hildburghausen mehrere weiträumige Volieren zur Aufzucht von Fasanen. Diese Anlage wurde zum größten Fasanenaufzuchtbetrieb der DDR. Bis zu 80.000 Küken schlüpften hier jährlich. Sie wurden kontinuierlich an zahlreiche Jagdgesellschaften und Aufzuchtbetriebe geliefert.

Der StFB Heiligenstdt erhielt 1979 auf Bestellung vom StFB Hildburghausen 1.000 Jungfasanen zur Auswilderung. Nach einem Verteilungsschlüssel kamen sie in fünf ausgewählte geeignete Jagdgebiete. Die Verteilung auf die Jagdgesellschaften sah folgendermaßen aus:

Jagdgesellschaft Leinefelde	*400 Stück*
Jagdgesellschaft Günterode	*200 Stück*
Jagdgesellschaft Dün/Heuthen	*250 Stück*
Jagdgesellschaft Leinetal	*250 Stück*

Von den Jagdgesellschaften wurde in Vorbereitung der Fasanenauswilderung eine Biotopgestaltung der vorgesehenen Gebiete mit folgendem Inhalten gefordert:

1. Anlage von Remisen
2. Anlage von Wildäckern
3. Verstärkte Raubwild- und Raubzeubekämpfung
4. Intensive Schwarzwildbejagung
5. Anlage von Fütterungen und Schüttungen
6. Schutz der Gelege.

Die Abholung der 1.000 Fasanen von Hildburghausen mit Übergabe an die Empfänger fand am 30. August 1979 statt. Die Auswilderung erfolgte in den folgenden Tagen.

Im damaligen StFB Mühlhausen wurden durch die Bemühungen der Jagdkollektive 420 Fasane ausgewildert. Hinzu kamen 1981 durch Zukauf aus Hildburghausen noch 1.000 Jungfasane, die über die Jagdgesellschaften in geeignete Biotope ausgesetzt wurden. Trotz dieser umfangreichen Bemühungen traten in der Folgezeit die erwarteten Ergebnisse nicht ein. Es kam an keinem Ort zu einer bleibenden flächendeckenden Ansiedlung von Fasanen.

Als Ergebnis der zahlreichen Auswilderungsversuche musste leider festgestellt werden, dass der Fasan im Obereichsfeld und Unstrut-Hainichgebiet keine geeigneten Lebensbedingungen vorgefunden hat. In günstigeren Gebieten überlebt der Fasan in größerer Dichte nur durch Zufütterung im Winter, Neubesatz und maßvoller Bejagung. Nasse Sommer und schneereiche Winter führen wie auch bei anderen Hühnervögeln zu hohen Verlusten. Die weitere Intensivierung der Landwirtschaft mit umfassendem Pflanzenschutz- und Düngemitteleinsatz haben nicht unerheblich zur Dezimierung der Fasanenbestände beigetragen. Der Fasan hat in Deutschland eine sehr lange Einbürgerungsgeschichte, die auch in der Gegenwart noch andauert. Im Obereichsfeld gibt es heute nur noch vereinzelte Brutnachweise, in vielen ehemaligen Ansiedlungsgebieten sind heute keine Fasane mehr nachweisbar.

Heute wissen wir, dass geeignete Lebensräume für den Fasan klimatisch milde Gebiete bis zu Höhenlagen von 400 m über N.N. sind. Neben Auenwäldern eignen sich Wald-Feldreviere mit Hecken, Feldgehölzen und dem Vorkommen von Wiesen und Wasserflächen. Ungeeignet sind reine Wald- und Feldreviere. Nasse Sommer, schneereiche Winter und das Vorhandensein vieler Fressfeinde in Lagen moderner maschinengerechter und chemisierter Großfelderwirtschaft lassen keinen stabilen Fasanenbestand entstehen.

Die Fachgruppe „Ornithologie Eichsfeld" erfasste ab 1967 Fasanenbeobachtungen in den jährlichen Jahresberichten. Erfasst wurden die örtlichen Bestandesschwankungen. Das Verschwinden einzelner Vorkommen ist ebenfalls dokumentiert. Trotz der hohen Auswilderungszahlen, besonders im Jahr 1979, ergab die Mittwinterzählung 1981 nur einen Fasanenbestand von 20 Stück für das Obereichsfeld. Ab 1982 lassen sich in den Auswilderungsgebieten nur noch Einzelbeobachtungen in immer geringer werdender Anzahl nachweisen.

Dennoch ist seit 1967 bis in die Gegenwart in den Gemarkungen Ecklingerode, Brehme, Teistungen und Berlingerode der Fasan als Brutvogel vorhanden und die Einbürgerung sozusagen gelungen.

Erwähnt werden sollte auch, dass ab 1954 im Bereich der Stadt Duderstadt Fasanenauswilderungen stattgefunden haben. Der o.g. heutige Besatz ist auch der Initiative eines Fasanenzüchters aus Ecklingerode zuzuschreiben, der nach dem Jahr 2000 zahlreiche Auswilderungen durchgeführt hat.

9. Wachtel (*Coturnix coturnix*)

Die Wachtel ist unser kleinster Hühnervogel und einziger Zugvogel unter den Hühnervögeln. In Gestalt und Lebensweise ähnelt die Wachtel dem Rebhuhn.

Die Wachtel bevorzugt ebene Landschaften mit Getreideschlägen, Wiesen und Ödland. Sie zählt zum jagdbaren Wild, unterliegt aber seit 1934 einer ganzjährigen Schonzeit. Ihre jagdliche Bedeutung war auch vor der Unterschutzstellung gering. Im 19. und 20. Jahrhundert waren Wachteln auf den Jahresjagdstrecken kaum vermerkt. Vor dem Aufkommen der Schrotflinte wurde die Wachtel mit „Wachtelgarn" gefangen.

Durch zunehmend schlechtere Umwelt- und Lebensbedingungen, übermäßigen Fang, besonders an der nordafrikanischen Mittelmeerküste, ist das Vorkommen der Wachtel in Deutschland merklich zurückgegangen.

In der DDR wurden Wachteln im damaligen StFB Schwerin in Farmen gehalten, bekannt als „Schweriner Wachtelzucht". Ihre Eier wurden vermarktet und gelten bis heute als Medizin und Delikatesse.

10. Ringeltaube (*Columba palumbus*)

Die Ringeltaube ist die größte unserer drei heimischen Wildtaubenarten mit jagdlicher Bedeutung.

Die Hohl- und Turteltauben zählen nicht zum jagdbaren Wild.

Die Hauptjagdzeit der Ringeltaube erstreckt sich vom August bis zum Oktober. Der Ansitz ist die lohnendste Jagdart. Unterstützend können vorhandene Tränken, Getreidefelder und Schlafbäume sein. Auch die Verwendung von künstlichen Locktauben kann den Jagderfolg erhöhen. Auch das Anpirschen des balzenden Taubers kann erfolgreich sein.

Die Ringeltaube wird zu den Teilziehern gerechnet. Sie findet sich oft zu großen Flügen zusammen, die hauptsächlich in Südfrankreich überwintern.

Als Kulturfolger ist sie sehr anpassungsfähig und brütet auch in Parkanlagen und Gärten.

Ringeltaube. Zeichnung: Karl-Heinz Fritze

11. Wacholderdrossel *(Turdus pilaris)*

Von den sechs bei uns vorkommenden Drosselarten zählte die Wacholderdrossel, zum jagdbaren Wild. Die Bejagung erfolgte in der Regel mit den Dohnenstieg, der besonders an den Waldrändern in Reihe angelegt, erfolgversprechend war. Der Drosselfang im Dohnenstieg wurde mit dem Reichsvogelschutzgesetz 1908 verboten. Während des ersten Weltkriegs wurde bereits 1915 zur Verbesserung der Ernährungslage von interessierter Seite die Wiedereinführung des Dohnenstiegs gefordert. Im Herbst 1916 wurde der Dohnenstieg tatsächlich wieder erlaubt. Trotzdem bestand eine Schonzeit vom 1. Januar bis zum 30. September.

Während der Zeit der DDR durfte die Wacholderdrossel 1959 noch vom 1. September bis zum 30. November bejagt werde, galt aber ab 1981 als ganzjährig geschütztes jagdbares Wild.

12. Stockente (*Anas platyrhynchos)*

Von den zahlreichen bei uns vorkommenden Wildentenarten ist die Stockente die häufigste und auch diejenige mit jagdlicher Bedeutung. Sie ist Stand-, Strich- und Zugvogel. Sie kommt vorrangig in gewässerreichen Landschaften als Brutvogel vor. Flächendeckend ist sie im norddeutschen Tiefland vertreten.

Stockenten. Zeichnung: Karl-Heinz Fritze

Durch die Kultivierung der Landschaft und die damit verbundene Verschlechterung der Lebensräume und teilweise starke Bejagung ist das Vorkommen fast aller Entenarten stark rückläufig. Im Obereichsfeld war und ist die Entenjagd an die größeren Bach- und Flussläufe wie Leine, Wipper, Unstrut und Frieda gebunden.

Bejagt wurden die Wildenten auf Ansitz-, Pirsch- sowie in Einzel- oder bei Treibjagden als Gesellschaftsjagd.

Winterliche Verhältnisse haben zur Folge, dass dann an nicht zugefrorenen Gewässern verschiedenartige Wildentenarten Nahrung und Ruheplätze finden. Hier ist der „Entenfall“ und die Entenpirsch erfolgversprechend.

Die Entenjagd erstreckt sich heute ausschließlich auf die Stock- und die Krickente *(Anas crecca).* Alle anderen Entenarten stehen ganzjährig unter Schutz.

13. Graureiher (*Ardea cinerea)*

Der Graureiher, früher überwiegend als Fischreiher bekannt, wurde seit jeher als Nahrungskonkurrent aufgrund seines Fischkonsums verfolgt. Allerdings zählen auch Kleinsäuger wie Mäuse, Amphibien und Insekten zu seinem Nahrungsspektrum. Sein Vorkommen ist an stehende und fließende Gewässer sowie auch an die Seen- und Küstenregionen gebunden. Zur Zeit der Hochblüte der Falknerei im Mittelalter spielten die Reiher als Beizmittel eine bedeutende Rolle.

Seine Bestandesentwicklung ist langfristig als stabil zu bezeichnen, wobei es zwischenzeitlich zu Abnahmen kam. Nach kriegsbedingtem Nachlassen der Verfolgung des Vogels und einer kurzen Bestandeserholung, folgte aufgrund intensiver Bejagung ein Einbruch der Besatzzahlen in den 1960er und 1970er Jahren. Dabei waren neben verstärktem Abschuss auch der Lebensraumverlust durch Verbau und Regulierung der Flusslandschaften und die Intensivierung der Land-, Forst- und Fischereiwirtschaft von Bedeutung.

Nach Festlegung einer ganzjährigen Schonzeit nahmen die Bestände seit den 1970er Jahren wieder kontinuierlich zu. Der Fischreiher ist überwiegend ein Zugvogel, der in Afrika überwintert. (Quelle: Atlas S.176)

14. Raubvögel

Die Raubvögel galten als Jagdschädlinge. Sie wurden lange Zeit gnadenlos verfolgt, als jedes ökologische Denken von der „Nützlich-schädlich-Maxime“ bestimmt wurde. Letztendlich wurde der Abschuss zeitweise mit Prämien belohnt. Eine Änderung dieser Ansicht kam erst, als eine genauere Betrachtung der Beutetiere der einzelnen Arten erfolgte, wobei sich Bussard und Turmfalke als ausgesprochene Mäusevertilger herausstellten.

Von den Adlerarten hatten nur der Stein-, Schrei- und Fischadler Bedeutung. Der Seeadler als größte heimische Art ist im Vorkommen an größere Gewässer gebunden, die besonders in Nordostdeutschland liegen. Stein- und Seeadler zählten früher zum Hochwild. Der Fischadler, dessen Nahrung fast ausschließlich aus Fischen besteht, ist ein Zugvogel, der im östlichen Afrika überwintert. An dem Popperoder Teich bei Mühlhausen wurde 1888 ein Fischadler geschossen, der in der Kämmerei abgeliefert wurde und als Gemälde im Rathaussaal hing (Jordan IV Chronik, Seite 169). Der Förster Hühne erlegte 1797 einen Fischadler bei Eigenrieden (Sellmann, Heimatkunde, Seite 75). Der Schreiadler, mehr in Norddeutschland verbreitet, ist gleichfalls Zugvogel.

Seine Winterquartiere sind in Afrika südwärts vom Äquator. Im Großfurraer Forste wurde 1914 ein Schreiadler erlegt (Simon 1931/6 S. 38). Schrei- und Fischadler waren als Durchzügler im Obereichsfeld eine seltene Erscheinung.

Die Felswand des eingefallenen Berges bei Themar. Hier wurden die letzten Steinadlerbruten in Thüringen schriftlich bezeugt. Ernst Kaiser, Südthüringen 1954, Seite 66.

Der Steinadler verschwand im 19. Jahrhundert vielerorts. Nur in den Bayerischen Alpen blieb er in Deutschland als Brutvogel erhalten. Letzte Brutnachweise in Thüringen gab es bis Anfang des 18. Jahrhunderts an der Felswand des „Eingefallenen Berges“ bei Themar.

Sperber. Zeichnung: Karl-Heinz Fritze

Habicht. Zeichnung: Karl-Heinz Fritze

Schon immer sah der Mensch die Adler als Jagdkonkurrenten und Schädlinge an, so wurde er vielerorts durch die Jagd ausgerottet. Bei diesem Vorgang stand die Rabenhüttenjagd mit dem Uhu als Lockvogel ganz vorn. Langfristig und intensiv wurde sie im Bereich der Fürsten von Schwarzburg-Sondershausen mit Sitz im Jagdschloss Possen betrieben. Seit 1818 bis 1924 wurden hier 9 Steinadler abgeschossen. In gleicher Form wurde auch 1850 ein Steinadler bei Bleicherode erlegt. Nach Landau gab es in der 1. Hälfte des 19. Jahrhunderts noch 8 Steinadlererlegungen in Hessen.

Der Oberförster Diedrichs in Reifenstein hat 1879 im Bereich des Eichsfeldes den letzten bekannt gewordenen Steinadler geschossen. Im Kreis Sondershausen wurde im Winter 1925/26 an verschiedenen Stellen in Wald und Flur bei Feldengel, Holzengel und Seega ein Steinadler gesehen und auch beschossen, letztendlich bei dem letzt genannten Ort sehr ermattet eingefangen und in einem Zwinger zum Jagdschloss Possen gebracht, wo er sich bei guter Pflege wieder erholte.

Als Aasfresser wurden Adler auch Opfer der Fang- und Pfahleisen. Zu einer letzten Steinadlererlegung nahe dem Eichsfeld kam es 1912 durch einen Forstbeflissenen bei Hann-Münden.

Da jeder Greifvogel als Jagdschädling abgeschossen wurde, sind alle Adlerarten vom Aussterben bedroht, die übrigen Greifvogelarten sind in ihrem Bestand gefährdet und deshalb ganzjährig geschützt. Schusszeiten haben nur Habicht und Sperber.

Jagdbar geblieben sind Krähen und Elstern außer dem Kolkraben, der ganzjährig geschützt ist. Als Jagdschädlinge betrachtet werden sie, weil Eier und Nestlinge vom Rebhuhn und Fasan sowie zahlreiche Singvogelarten zu ihrer Ernährung zählen.

IV. Jagdarten

Jagdarten sind unterschiedliche Methoden der Jagdausübung, die sich in Einzeljagd und Gesellschaftsjagd gliedern.

Einzeljagdmethoden

Anstand ist eine Jagdmethode, die in Bezug auf pflegliche Behandlung des Wildbestandes wie auch auf Sicherheit und Bequemlichkeit ausgerichtet ist. Voraussetzung für den jagdlichen Erfolg ist eine gute Revierkenntnis und das Erkennen vorhandener Wildwechsel. Findet man an erkannten Wechseln einen leicht ersteigbaren Baum, so ist es vorteilhaft auf demselben eine Sitzgelegenheit als Ansitz herzustellen.

Zu beachten ist auch die Wahl der geeigneten Tageszeit und ausreichende Sichtfreiheit. Gegen Witterungsunbilden schützt die Errichtung einer geschlossenen Kanzel.

Zur Einzeljagd zählte früher auch das Ausschießen von Raubvogelhorsten. Ebenso das Betreiben eines Dohnenstieges zum Fang der Krammetsvögel (auch Wacholderdrossel genannt).

Kanzeln/Hochsitze

Rotwild besitzt einen stark ausgeprägten Geruchssinn. Es wittert zur eigenen Sicherheit. Dementsprechend wurden die Hochsitze und Kanzeln mit größerer Höhe, in den Haupteinstandsgebieten des Rotwildes gebaut. In der Regel bis 8 Meter Höhe.

6 Meter hohe Ansitzleiter im Jungwuchsbereich des Westerwaldes.

Die höchste, 8 Meter hohe Ansitzkanzel im Westerwälder Brunftbereich.

Brunftjagd

Eine verbreitete und bewährte Einzeljagdmethode ist die Lockjagd auf den Rothirsch in der Brunftzeit. Die Lautäußerungen der Hirsche - in der Regel im September - werden allgemein als das Röhren der Hirsche bezeichnet.

Der Platzhirsch hält sich in der Nähe des Kahlwildrudels auf. Sein Röhren gilt als Kampfruf und Herausforderung für mögliche Rivalen. Der Jäger hat anhand der Gegebenheiten einen günstigen Standpunkt eingenommen und täuscht mit Hilfe eines Hirschrufes den Rivalen vor. Je nach Entwicklung kann er den Platzhirsch anpirschen oder denselben als Rivalen heranlocken, um eine günstige Schussentfernung zu erreichen.

Hier einige Hirschrufarten, die verwendet werden:

Ruferzeugung mit Hilfe von Gehäusen der Tritonschnecke, bei der die Gehäusewindungen herausgebrochen sind. Anwendung findet auch ein geeignetes Stück des Stängels vom Riesenbärenklau oder Herkulesstaude *(Heracleum mantegazzianum)*.

Sehr geräumige größere Ansitzkanzel in der Nähe bekannter Rotwildwechsel.

Auch im Handel sind Geräte zur Erzeugung des Hirschrufs erhältlich.

Pirsch

Pirschen ist ein aufmerksames, langsames Durchstreifen des Jagdreviers auf der Suche nach Wild. Dabei gilt es, dass die Tiere früher erkannt werden als diese den Menschen erkennen. Voraussetzungen sind eine richtige Bewegung, Kenntnis der Revierverhältnisse und der günstigste Zeitpunkt. Erleichtert wird die Pirsch durch das Anlegen von Pirschpfaden. Die Pirsch als eine der ältesten Jagdarten darf aber nicht übermäßig ausgeübt werden, weil sie dann eine Beunruhigung darstellt.

Pirschfahren

Dies ist die Annäherung zum Wild mit einem Fahrzeug, früher in der Regel mit Pferdewagen, wobei die Vertrautheit des Wildes zu dem Fuhrwerk die Grundlage des Jagderfolges bildet.

Waldschnepfenjagd

Der Abendanstand auf dem Schnepfenstrich, wie auch die Suchjagd mit dem Vorstehhund, waren beliebte Jagdmethoden, die sich erst in der Neuzeit eingebürgert hatten. In Jägerkreisen hatte sich der Merkvers „Okuli da kommen sie“ (3. März) verbreitet.

Oculi, so heißt der 3. Fastensonntag auf Latein. Er soll der Stichtag sein, an dem die ersten Schnepfen wieder bei uns zu beobachten sind. So sagt zumindest ein alter **Merkvers**. Der

Spruch gibt den Jägern anhand der Fastensonntage Auskunft über das Vorkommen der Schnepfe zur jeweiligen Zeit.

Erfolgsversprechend war die günstige Ortswahl, eine enge Zusammenarbeit von Jäger und Hund und eine hohe Schießfertigkeit.

Man begab sich in fortgeschrittener Dämmerungsstunde an Waldrändern, Schneisen oder an den Rand einer Blöße, möglichst mit reichlichem Unterwuchs und überlässt dem Hund die Sucharbeit. Mit der typischen Lautäußerung „Puitzen" und „Quorren" erscheint dem Jäger die männliche Waldschnepfe, die nicht aufbaumend abfliegt. Heute ist die Waldschnepfenjagd auf dem Frühjahrsstrich aus Artenschutzgründen untersagt.

Fangjagd oder Fallenjagd

Ist eine Jagdart bei der das Wild durch Fangeinrichtungen bejagt wird. Dazu dienen Netze, Schlingen, Schlagbäume, Prügel- und Kastenfallen sowie Eisenfallen. Der Fang mit Netzen und Schlingen reicht bis weit ins Mittelalter zurück. In angelegten Zäunen wurden Lücken gelassen in die Netze oder Schlingen gespannt wurden.

Zur Ausübung der Niederjagd verfügten Klöster und Städte oft über reichliche Netzbestände, auch „Hasengarne" genannt.

Auch die eisernen Fallen kamen in vielfältigen Ausführungen seit dem Mittelalter zur Anwendung.

Vor dem Aufkommen der Schusswaffen hatte die Fangjagd mit Garnen und Netzen eine größere Bedeutung – ganz besonders für die Hasenjagd.

Letztendlich zählt zur Fallenjagd auch der Fang mit Dohnen. Sie wurden zum Krammetsvogelfang benutzt. Die Dohne war eine aus biegsamen Zweigen rund oder winkelig gebogene Vorrichtung zum Fang von Vögeln mittels eingesteckter Roßhaarschlinge. Als Lockmittel dienten die reifen Früchte der Vogelbeere (Eberesche). Die meisten gefangenen Vögel waren Drosseln wozu als Wacholderdrossel der Krammetsvogel zählte, außerdem Eichelhäher und verschiedene Arten von Singvögeln.

Auf dem Drohnenstieg.
Zeichnung: G. Wolters

Was sich nebenbei noch alles fängt (Eichelhäher).
Foto: Paul Friedrich Weckmann

Wie sich die „Krammetsvögel“ in den „Dohnen“ fangen sollen (Vorschriftsmäßig).
Foto: Paul Friedrich Weckmann

Die Singdrossel, der am meisten im Dohnenstieg gefangen und als „Krammetsvogel“ verspeist wird. (Mit Flügel und Kopf gefangen).
Foto: Paul Friedrich Weckmann

Schlagfallen

Sauenschlagfalle.

Marderschlagfalle.

Lockjagd

Bei der Lock- oder Rufjagd können bei mehreren Wildarten durch das Nachahmen entsprechender Lautäußerungen Tiere in Schussnähe gebracht werden. Am bekanntesten ist hier der „Hirschruf“ und das „Blatten“ beim Rehbock. Hierunter fällt auch bei der Fuchsbejagung die „Hasenklage“ und „Mäusepfeife.“

Frettieren

Das Frettieren ist eine nur auf das Wildkaninchen zur Anwendung kommende Jagdart, welche darin besteht, dass man die Kaninchen durch ein Frettchen aus den Bauen in

aufgestellte Netze treibt oder Schützen zum Schuss bringt. Das Frettieren wird zu der Zeit vorgenommen, wenn keine schwachen Jungen vorhanden sind, also zwischen Oktober bis Februar.
Das Frettchen *(Mustela putorius furo)* ist ein domestizierter aus Südeuropa (Spanien) stammender Albinismus des gemeinen Iltis.

Hüttenjagd

Ist eine Jagdart bei der der Jäger vor der Krähenhütte aus Krähen, Elstern und Raubvögel bejagt.
Dabei werden ein lebender oder präparierter Hüttenvogel sowie Jule und Fallbaum verwendet. Der Hüttenvogel ist in der Regel ein in Gefangenschaft gehaltener Uhu, der vor der Krähenhütte auf der Jule sitzt.
Das gleiche gilt für den Abschuss an der Luderhütte, vor der auf etwa 25 Schritt Aufbrüche und anderes ausgelegt sind.

Gesellschaftsjagden

Hierzu zählen alle Jagdmethoden bei denen mit Hilfe von Treibern und Hunden das Wild rege gemacht und den vorstehenden Schützen zugetrieben wird.

Drückjagd/Ansitz-Drückjagd

Ist als Kombination zwischen Ansitz und Drückjagd im Wald zu verstehen.
An bekannten Wechseln oder anderen günstigen Standorten verteilen sich die Jäger. Die Treiber durchgehen den festgelegten Bereich ohne größere Geräusche, um ein vertraut in Richtung Schützen ziehendes Wild und damit ein erleichtertes Ansprechen und eine günstige Schussabgabe zu erreichen.
Für die Durchführung ist der Spätherbst und Winter geeignet. Bei Rotwildvorkommen kann hierbei Einfluss auf den Kahlwildabschuss genommen werden.

Treibjagd/Holztreiben

Dies ist eine Waldjagd. Die zu bejagenden Wildarten sind Rehwild, Hasen, Wildkaninchen und Füchse. Die richtige Zeit für die Holzjagden ist der Monat November wenn das Laub gefallen ist. Oft trifft auch ein nebeneinander von Holzjagd und Kesseltreiben zu. Der Jagdleiter muss geeignete Stände für die teilnehmenden Jäger festlegen. Die Treiber bewegen sich geräuschvoll durch die vorgesehene Fläche. Das Wild wird auch mit Hilfe der Hunde den Schützen zugetrieben.

Kesseltreiben

Das Kesseltreiben war zeitbedingt das Kernstück des Jagdtages im offenen Gelände. Durch günstige Voraussetzungen war der Hase zur Hauptwildart geworden. Die gebräuchliche Art der Hasenbejagung in offener übersichtlicher Feldflur war das Kesseltreiben. Von einem Sammelpunkt aus laufen Schützen und Treiber im festgelegten Abstand nach rechts und links im weiten Bogen, bis sie zusammentreffen und einen Kreis gebildet haben. Nach dem Anblasen bewegen sich Schützen und Treiber langsam und gleichmäßig gegen das Zentrum des sich allmählich verengenden Kreises. Hat sich der Kessel auf etwa 400 Meter Durchmesser verkleinert und der Schuss in den Kessel die Teilnehmer auf der Gegenseite noch nicht gefährden kann, bleiben die Schützen stehen, nur die Treiber gehen auf das Signal „Treiber rein“ in den Kessel. Die Schützen machen kehrt und schießen nur noch auf die aus dem Kessel heraus flüchtenden Hasen. Haben die Treiber die Mitte des Kessels erreicht, wird abgeblasen.

Letztes Kesseltreiben: 14 Treiber; Jagdrevier Wachstedt; 4 Jäger. Strecke 6 Hasen.

Kesseltreiben. Gezeichnet von W. Arnold.

Wasserjagd

Die Jagd auf Wassergeflügel konzentrierte sich im Eichsfeldbereich besonders auf die Stockente und war an die Flussläufe und stehenden Gewässer gebunden. Die Jagdausübung besteht aus Anschleichen, Stöbern des Hundes, Anstand und Treibjagd. Sie ist im Wesentlichen im Herbst und Winter erfolgversprechend.

Buschieren

Beim Buschieren jagt man mit Stöberhunden vorrangig auf Hase, Kaninchen, Rebhuhn, Fasan und Fuchs. Der Stöberhund läuft in Schlangenlinien vor dem Jäger in einem maximalen Abstand der Flintenschussdistanz, also 25 bis 30 Meter.

Streife

Bei der Streife gehen wenige Schützen und Treiber in einer Linie über das zu bejagende Feld. Die Streife ist in ihrer Anlage eine Suche. Die Hunde suchen nicht mehr frei, werden lediglich zur Nachsuche mitgeführt.

V. Die Jagd im Bereich Küllstedt

Es hat wohl kaum im jagdlichen Geschehen ein Ort des Obereichsfeldes vorübergehend eine größere Rolle gespielt als Küllstedt in den letzten Jahrzehnten des 19. und dem ersten des 20. Jahrhunderts.

In der zweiten Hälfte des 19. Jahrhunderts hatte es sich zu einer Art Mittelpunktdorf mit kleinstädtischem Charakter entwickelt. Die Zahl der Einwohner hatte sich zwischen 1875-1885 um 152 auf insgesamt 2350 in 560 Haushaltungen erhöht. Der steigenden Einwohnerzahl waren einer landwirtschaftlichen Entwicklung Grenzen gesetzt, dagegen dehnte sich die wirtschaftliche Entwicklung deutlich aus. Neben der verbreiteten Handweberei waren technisch ausgestattete Textilfabriken und dergleichen Handelsunternehmungen im Ort entstanden.

Die 1880 eröffnete Eisenbahnlinie Leinefelde-Eschwege hatte in Küllstedt einen Hauptbahnhof geschaffen, der im Güterverkehr für eine Anzahl der umliegenden Dörfer Bedeutung hatte. Neben einer Drehscheibe, einer Waggonwaage und drei verschiedenen Rampen entwickelte sich hier in steigendem Maße der Umschlag des Holz- und Kohlehandels.
Der Dr. med. Heinrich Kellner, seit 1889 als Arzt im Ort, praktizierte 39 Jahre. Vorhanden war auch eine Apotheke. Im Jahr 1904 entstand in Küllstedt ein Krankenhaus und 1905 ein Postamt.

Die angedeutete jagdliche Bedeutung hatte zwei verschiedenartige Gründe. Der vorhandene Materialwarenladen von Josef Ortmann hatte in seinem vielseitigen Angebot auch jagdliches Zubehör und Utensilien. Der Kaufmann war aktiver und vorbildlicher Jäger, der das jagdliche Brauchtum beherrschte und noch bis heute sichtbare Spuren hinterließ. Für die Zusammenkunft der Küllstedter Jagdscheininhaber hatte er in seinem ausgedehnten Anwesen einen Versammlungsraum eingerichtet. Sein Zeitungsangebot ist im Juli 1895 u.a.: „Zur Jagd empfehle ich Hülsen, Pulver, Schrote in allen Schrotennummern zu soliden Preisen.“ Für die Küllstedter Jäger, wie auch die Jagdgäste war es von Vorteil, den Munitionsbedarf im Ort zu erwerben.

Ein tragisches Ereignis, geschehen 1887, soll hier nicht unerwähnt bleiben. Ein schulpflichtiger Sohn von Ortmann und dessen etwa gleichaltriger Spielgefährte bekamen ein Kleinkalibergewehr in die Hände. Durch unvorsichtiges Verhalten wurde das Besucherkind tödlich verletzt. Kopflos geworden floh der Sohn von Ortmann in den nahen Westerwald und versteckte sich dort. Mithilfe vieler Küllstedter Einwohner wurde er nach einer groß angelegten Suchaktion Tage später gefunden. Nach diesem tödlichen Unfall wurde der Kaufmann Josef Ortmann zur besseren Sicherstellung von Schusswaffen verpflichtet.

Der zweite Grund, warum Küllstedt damals bis in die 30er Jahre jagdliche Bedeutung hatte, war die mehrere Jahrzehnte anhaltende Tätigkeit des Fabrikanten Adolf Müller mit seiner hervorragenden Zucht der Vorstehhunderasse „Deutsch-Kurzhaar“.

Joseph Ortmann am Eingang zu seinem Materialwarenladen mit seinem Deutsch-Kurzhaar.

Der Materialwarenladen von Joseph Ortmann in der oberen Hauptstraße in Küllstedt.

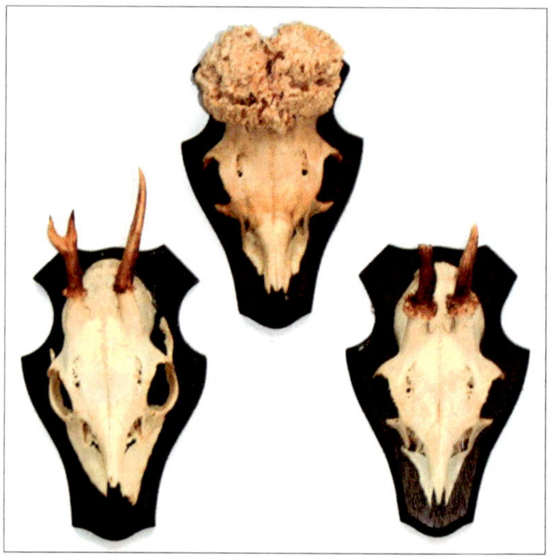

Rehwild Hegeabuß von Joseph Ortmann 1937.

Diese Jagdhunderasse kam vor allem in Niederwildrevieren zum Einsatz. Vorstehhunde besitzen die Eigenschaft auf das Wild aufmerksam zu machen sobald sie dieses wittern, indem sie fest vorstehen und unbeweglich in charakteristischer Stellung bis zum Herankommen des Jägers verharren, der dann leicht zum Schuss kommt. Neben dem Vorstehen ist der Deutsch-Kurzhaar auch ein vielseitiger Jagdgebrauchshund, raubwild- und raubzeugscharf, apportierfreudig und nach entsprechender Ausbildung bei der Nachsuche auf der Schweißspur eines krankgeschossenen Stückes verwendbar.

Adolf Müller war Mitinhaber der Küllstedter Textilfabrik und Strickerei J. Müller und im Ort auf das engste mit dem Schützenwesen sowie der Jagd verbunden. Als hervorragender Schütze im Verein, dessen Vorsitzender er über Jahrzehnte war, finanzierte er den Bau des Schützenhauses. Er schoss sehr oft mit seiner persönlichen Scheibenbüchse und außerdem auch auf Tontauben mittels eigener Wurfmaschine.

Adolf Müller war ein hervorragender Deutsch-Kurzhaarzüchter. Diese Jagdhunderasse war besonders für Feldjagdreviere sehr gut geeignet, in denen um die Jahrhundertwende Hasen und Rebhühner die Hautwildarten darstellten. Er war wegen seiner Zuchterfolge, aber auch seiner großen Fachkenntnisse, weit über die Grenzen des Eichsfeldes deutschlandweit bekannt und war 1. Vorsitzender im Klub „Kurzhaar Thüringen" in Weimar. Über drei Jahrzehnte wurden die hervorragenden Leistungen seiner Zuchtergebnisse in den derzeit vorhandenen Jagdzeitschriften gewürdigt.

Hier einige herausgegriffene Fälle: (beispielhafte Veröffentlichungen)

1900	*Greif Eichsfeld*	Züchter Adolf Müller, Besitzer Albert Weymar 1. Preis Mühlhausen („Der Waidmann" 15. Juni 1900)
1908	*Tell Eichsfeld*	1. Preis, Züchter und Besitzer Adolf Müller („Deutsche Jägerzeitung" 20. Dezember 1908)
1921	*Mentor Eichsfeld*	1. Preis Frühjahrssuche, Züchter Adolf Müller, Besitzer Fritz Fink, Fürth i.B. („Deutsche Jägerzeitung" 1921)
1925	*Roland Eichsfeld*	IIIa Preis, Züchter Adolf Müller, Besitzer Prinz Solms, Beetz („Wild und Hund" 15. Oktober 1926)
1929	*Gero Eichsfeld*	II. Preis, Züchter Adolf Müller, Besitzer Michael Töpfer, Küllstedt („Wild und Hund" 13. Dezember 1929)
1930	*Frei Eichsfeld*	I. Preis, Züchter und Besitzer Adolf Müller, Küllstedt („Wild und Hund" 1930)

Die Dressur und Vorbereitung auf die Vollgebrauchshundeprüfung erfolgte weitgehend durch den Revierförster Franz Heder.

„Greif Eichsfeld" in der Zeitschrift „Der Weidmann" vom 15.06.1900, Seite 506.

Der Küllstedter Deutsch-Kurzhaarzüchter Adolf Müller mit dem aus seiner Zucht stammmenden preisgekrönten Rüden „Greif Eichsfeld"! Foto: Joseph Raabe

„Tell Eichsfeld" in der Deutschen Jägerzeitung vom 20.12.1908.

„Gero Eichsfeld", gew. 28.2.1927.

„Roland Eichsfeld", gew. 28.2.1925.

Hubertusjagd in Küllstedt

Die Küllstedter Flur wurde in zwei Pachtreviere geteilt, „Küllstedt West“ und „Küllstedt Ost“,die in der Regel nach 6 Jahren neu verpachtet wurden. Beide Pachtreviere hatten einen geringen Waldanteil, der mit Drückjagd bejagt wurde, die Feldflur mit Kesseltreiben. Nach dem ersten Weltkrieg und auch schon davor um die Jahrhundertwende, besonders aber in den 1920er und 1930er Jahren erfolgte eine Hubertusjagd jeweils im November. Hierzu wurde ein größerer Kreis von persönlichen Freunden und Bekannten eingeladen. Die Zahl der Beteiligten lag in der Regel um 30 Personen, Küllstedt selbst hatte etwa 12 Jagdscheininhaber.

Als Treffpunkt war ein fester Punkt im Pachtrevier festgelegt worden, an dem dann auch die Einweisung der Stände bei der Drückjagd und die Bekanntgabe der zu bejagenden Wildarten erfolgte. Auch eine Sicherheitsbelehrung war hierbei aktuell. Nach Jagdende, aber auch oft zur Hälfte, gab es ein vorbereitetes „Schüsseltreiben“ in einer günstig gelegenen Gastwirtschaft, sehr oft im „Lindenhof“ am Bahnhof Küllstedt. Hierbei tagte dann auch das „Jagdgericht“ und dem Jägerlatein waren keine Grenzen gesetzt. Am 20. November 1930 betrug die Strecke beider Pachtreviere 62 Hasen bei ca. 50 teilnehmenden Jägern und Treibern.

Eine Besonderheit im Küllstedter Jagdgeschehen war der Küllstedter Jäger Arthur Ebest.

Er besaß eine kleine Landwirtschaft und kam zu den Jagden immer mit Pferd und Wagen, was für den Transport des erlegten Wildes vorgesehen war. Er selbst war ein sehr vielseitig interessierter Jäger, jederzeit zu einem Gespräch bereit. In Küllstedt zählte er zu den aktivsten Jägern. Allgemein bekannt war im Winterhalbjahr seine Steinmarderjagd im Ort, die er auf das gesamte Dorf ausdehnte. Bei günstiger Schneelage suchte und fand er die Marderwechsel über die Dächer und die Absprungstellen. Hier standen dann seine Tellereisen. Fehlte der Schnee, war er in Scheunen und Stallungen mit dem Abzugseisen aktiv.

Vor der Jagderöffnung im Revier Anrode durch Jagdpächter Dr. Fries (Bildmitte) an derTreffpunkt-Eiche am Eisenacher Weg 1929. Foto: Joseph Raabe

Der immer bei der Jagden anwesende Wildwagen des Arthur Ebest. Jagdrevier Anrode, Rodeland.

Erlebnisaustausch nach einem Treiben.

Küllstedter Pachtrevier

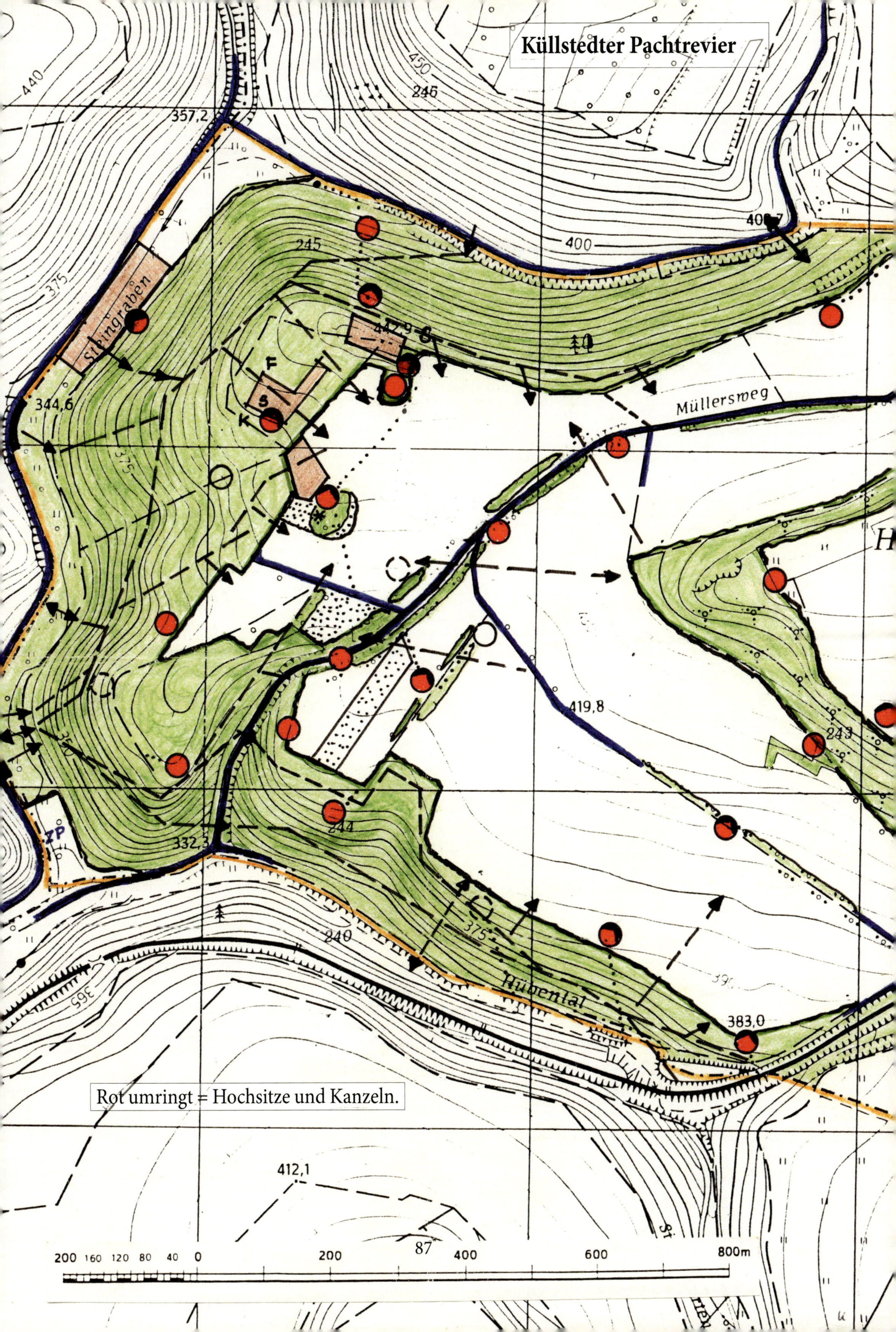

Rot umringt = Hochsitze und Kanzeln.

Teilnehmer einer Küllstedter Hubertusjagd 1929.

1. Walter Merz, Hollenbach, Landwirt
2. Walter Wiersdorff, Voigtstedt, Gutsbesitzer
3. Konrad Lorenz, Gerode, Landwirt
4. Eugen Müller, Küllstedt, Fabrikant
5. Dr. Kaiser, Erfurt, Arzt
6. Ewald Beau, Effelder, Klempner
7. Bernd Lorenz, Mauderode, Landwirt
8. Adolf Müller, Küllstedt, Fabrikant
9. Bernhard Spitzenberg, Wachstedt, Gastwirt
10. Fritz Klingler, Stadtroda, Landwirtschaftseleve
11. Dr. August Hübenthal , Worbis, Arzt
12. Dr. Karl Gries, Küllstedt, Arzt, Jagdherr
13. Walter Wiersdorff, Voigtstedt, Gutsbesitzer
14. Albert Gries, Lengenfeld/Stein, Dipl.-Ing.
15. Georg Mathias, Küllstedt, Friseur
16. Ewald Sander, Küllstedt, Arbeiter
17. Karl Goldmann, Hohlbach/Harz, Gutsbesitzer
18. Heinrich Mentropp, Küllstedt, Apotheker
19. Friedrich Wiersdorff, Gröningen, Gutsbesitzer
20. Ernst Döring, Küllstedt, Postverwalter
21. Crexenz Borchhardt, Berlingerode, Gutsbesitzer
22. Michael Töpfer, Küllstedt, Heilpraktiker
23. Karl Schreier, Küllstedt, Landjägermeister
24. Christian Munz, Anrode, Revierförster
25. Albin Hagedorn, Küllstedt, Fabrikant
26. Josef Diegmann, Küllstedt, Arbeiter
27. Albert Finkelmeyer, Küllstedt, Postschaffner
28. Otto Mock, Effelder, Schuhmacher
29. Josef Kunkel, Dingelstädt, Fabrikant
30. Konrad Bachmann, Küllstedt, Bäckermeister
31. Arthur Ebest, Küllstedt, Fabrikant
32. Erich Wiersdorff, Dahlenwarsleben, Gutsbesitzer
33. Dr. Otto Vogt, Küllstedt, Zahnarzt
34. Alfons Ortmann, Küllstedt, Kaufmann
35. Ferdinand Fischer, Neuhaus, Weidewärter
36. Hermann Mock, Küllstedt, Webereibesitzer

Einladung zur Jagd 1925.

Treibjagd Küllstedt – kleiner Kreis von Jägern und Treibern. 2.v.l. Wachtmeister Schreier. Letzter rechts außen: Konrad Bachmann, Bäcker. Eine Jagd im westenlichen ohne Gäste.

Artur Ebest mit gefangnen Steinmarder.

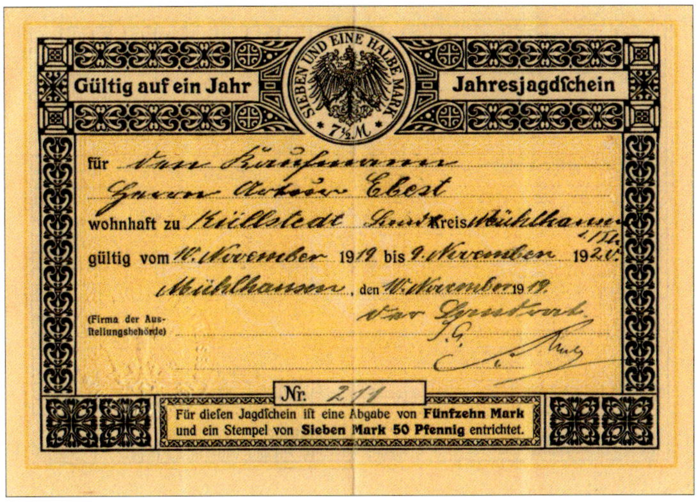

Gültig auf ein Jahr — Sieben und eine halbe Mark 7½ M — Jahresjagdſchein

für den Kaufmann

Herrn Artur Ebest

wohnhaft zu Küllstedt Kreis Mühlhausen

gültig vom 10. November 1919 bis 9. November 1920

Mühlhausen, den 10. November 1919.

(Firma der Ausſtellungsbehörde) Der Landrat

Nr. 211

Für dieſen Jagdſchein iſt eine Abgabe von Fünfzehn Mark und ein Stempel von Sieben Mark 50 Pfennig entrichtet.

Jagdschein 1920.

Hühnerjagd nach einem Gemälde von W. Arnold.

VII. Jagdunfälle

Der Jagdunfall ist ein Ereignis, das mit Ausübung der Jagd oder dem Umgang mit Schusswaffen zusammenhängt und eine Körperverletzung oder den Tod zur Folge hat.

Es können hier für das Obereichsfeld und dem nahe angrenzenden Bereich nur einige wenige belegbare Jagdunfälle erwähnt werden. Allgemein bekannt ist, dass in der jagdgesetzlosen Zeit von 1848 bis 1850 ungewöhnlich viele Unfälle bei der Jagdausübung bekannt wurden.

1766 26. November, Lengefeld
Im östlich an das Eichsfeld angrenzenden Lengefeld wurde Hans Georg John durch einen unglücklichen Schuss von Hasenjägern erschossen. [43]

1873 28. September, Heiligenstadt
Der Kaufmann Ferdinand Stöber wurde bei der Jagd im Heiligenstädter Stadtwald tödlich getroffen. [44]

1877 18. Mai, Küllstedt
Der Zimmermann Franz Mock aus Küllstedt wurde beim Büscheholen im Westerwald aus Unvorsichtigkeit mit dem Jagdgewehr des Communalförsters Joachim Montag im Streit erschossen. [45]

1886 25. November, Struth
Bei einem Kesseltreiben auf der Jagd bei Kloster Zella wurde einem jugendlichen Treiber ein Auge verletzt. Dasselbe musste ihm in Mühlhausen, wohin der Betroffene transportiert wurde, herausgenommen werden. Ein Anderer wurde ebenfalls verwundet, jedoch kam derselbe mit leichten Streifungen des einen Beins davon. [46]

1886 5. Dezember, Wachstedt
Unweit des Dorfes ereignete sich dieser Tage ein ähnliches Jagdunglück wie noch kürzlich bei Struth. Einer der Jäger erhielt auf der Treibjagd einen Schuss ins Auge. Zugleich drangen demselben die Schroten in beide Beine. Der Unglückliche wurde sogleich nach Eschwege ins Krankenhaus gebracht. Man hoffte indessen, dass die Sehkraft des verletzten Auges erhalten bleibt. [47]

1888 10. Oktober, Wachstedt
Bei einer Dachsjagd im Westerwald-Revier Wachstedt erhielt der Revierförster Friedrich Geise durch unvorsichtiges Verhalten mit einer Schrotflinte am Dachsbau eine tödliche Verletzung. Er hatte zu dieser Jagd eine kleine Jagdgesellschaft eingeladen, unter ihnen auch ein Student der Theologie aus Wachstedt, der mit dem bei Geise tätigen Forstlehrling Arthur Kalbhenn befreundet war. Als die Hunde bereits im Dachsbau waren, legte der Förster sein Ohr an die Höhlenöffnung, um nach ihnen zu horchen. Seine Flinte hatte er dem Lehrling Kalbhenn zum Halten übergeben.
Da der selbst über eine Flinte verfügte, reichte er die Flinte des Försters zum Halten an den Theologiestudenten weiter. Dieser ein jagdlicher Laie, löste unbewusst aus der Hahnflinte einen Schuss, der den Kopf des Försters traf und zu Försters Geises Tod führte. Der Wachstedter Student wurde wegen fahrlässiger Tötung zu drei Monaten Gefängnis verurteilt. Ein Jahr später wurde hier an der Unfallstelle ein Gedenkstein gesetzt.

Gedenkstein an Revierförster Friedrich Geise.

1892 15. September, Breitenbach bei Leinefelde
Hier ereignete sich ein großes Unglück bei der Eröffnungsjagd in der Breitenbacher Flur. Es wurden fünf mit dem Kartoffelroden beschäftigte Kinder durch einen Schuss verletzt. Eines der Kinder wurde sofort getötet. Ein zweites Kind erhielt lebensgefährliche Verletzungen. Ein drittes Kind wurde an den Augen so unglücklich getroffen, dass es sein Augenlicht vermutlich verloren hat. Zwei andere Kinder wurden leicht verletzt. Der unglückliche Schütze war ein Gastjäger aus Birkungen. [48]

1898 19. Juni, Küllstedt
Zu einem dramatischen Unfall mit Jagdgewehren kam es in Küllstedt. Der Jäger und Gastwirt Luhn hatte den Stellmacher Wolf zwei geladene Gewehre zum Reinigen übergeben. Der hinzugekommene Maurermeister Orschel nahm eines der Gewehre zur Hand und äußerte scherzhafterweise zu Wolf: „ Soll ich dich totschießen?“ Da ging das Gewehr auch schon los. Der Kugelschuss zerschmetterte den linken Arm des Wolf, eine Schrotladung traf diesen in die Seite. Luhn erhielt von der Strafkammer eine Geldstrafe von 300 Mark und verlor die Jagdberechtigung. Eine Geldstrafe von 400 Mark erhielt Orschel. Der zum Krüppel geschossene Wolf konnte Schadenersatzansprüche an beide stellen.

1906 22. Oktober Possen bei Sondershausen
Auf dem Possen ereignete sich ein Jagdunfall des Fürsten Günther von Schwarzburg-Sondershausen. Der Fürst erlitt bei einer im Tiergarten des Jagdschlosses Possen stattgefundenen Saujagd einen schweren Jagdunfall. Ein nach Jagdende auf der Strecke liegender außergewöhnlich starker Keiler gab noch Lebenszeichen von sich. Er wurde mit dem Hirschfänger abgefangen und schien dann vollständig verendet zu sein. Der Fürst als Jagdherr gab seiner Verwunderung über den Keiler Ausdruck. Zusammen mit einer Anzahl Jagdteilnehmern und Treibern stand er sehr nahe am vermeintlich toten Tier. Der Keiler warf sich plötzlich auf die Seite und kam wieder hoch. Er verletzte

Das Jagdschloß „Possen“ der Fürsten von Schwarzburg-Sondershausen erbaut von Fürst Günther I. von 1732–1738.

den Fürsten mit seinen mächtigen Gewehren mit einem furchtbaren Schlag unter dem linken Knie, mit dessen Wucht er hinterrücks zu Boden stürzte.
Die nicht unbedenkliche Verletzung bestand nach ärztlichem Befund in einer quer über die vordere Seite des linken Knies verlaufende klaffende Wunde mit breiter Eröffnung des Gelenks und gleichzeitigem Riss des Kniescheibenbandes. [49]

1960 31. Oktober, Heiligenstadt
Bei einer Treibjagd im Heiligenstädter Stadtwald wurde der Revierförster Heinrich Pingel in seinem Revier, das er seit 1918 betreute, erschossen. Der Schütze Bornemann hatte ihn, der als Treiber wirkte, mit einem Wildschwein verwechselt als er von Schnee umhüllt auf einer Schneise kroch. Ein Ereignis das auch heute noch als unglaublich erscheint. An der betreffenden Stelle wurde ein Gedenkstein errichtet und der Wanderweg erhielt den Namen „Heinrich-Pingel-Weg".

2001 November, Mengelrode
Zu einem tragischen Jagdunfall kam es bei einer Gesellschaftsjagd in der Flur von Mengelrode. Ein 63-jähriger Jäger aus dem niedersächsischen Brehmke, der als Jagdgast teilnahm, brach von einer Kugel in die Brust getroffen vor einem Hochsitz tödlich zusammen. Die genauen Umstände über das Ereignis konnten nicht ermittelt werden. Die Gewehre der 45 Teilnehmer wurden zur Identifizierung der Tatwaffe ballistisch untersucht. Das Ergebnis dieser Untersuchung zeigte, dass der Schuss aus der Waffe eines Göttinger Rechtsanwalts kam. Das Gewehr wurde zunächst eingezogen, aber 2003 dem Eigentümer zurückgegeben. Er wurde wegen fahrlässiger Tötung belangt und zu vier Monaten auf Bewährung sowie 10.000 € Geldstrafe verurteilt. [50]

2004 6. August Kammerforst am Hainich
Im Hainich, der an das Eichsfeld angrenzt, kam es bei Kammerforst zu einem Jagdunfall. Ein jagdberechtigtes Ehepaar hatte sich nachts auf Schwarzwild auf zwei nahegelegenen Hochsitzen angesetzt. Als gegen 1:00 Uhr der Mann zur Kanzel der Frau ging wurde er durch einen Schuss in den linken Arm getroffen. Der Mann wurde lebensgefährlich verletzt und konnte nur durch Amputation des Arms gerettet werden.[51]

Unfallverhütung

Zur Verhütung von Jagdunfällen dienen die im Jagdgesetz vorgeschriebenen Unfall- und Sicherheitsbestimmungen im Jagdwesen. Hieraus ergeben sich folgende Schwerpunkte:

Bei Gesellschaftsjagden ist der Jagdleiter verpflichtet vor Jagdbeginn eine Sicherheitsbelehrung mit Hinweisen auf besondere Gefahrenmomente durchzuführen.
Hierzu zählt das Entladen der Jagdwaffen vor der Überwindung von Hindernissen wie Zäune und Gräben oder vor dem Besteigen von Hochsitzen und Kanzeln. Erforderlich ist auch das vor Jagdbeginn eine Verständigung mit dem Nachbarschützen erfolgt. Das Entladen der Waffen nach dem Jagdende ist für alle Teilnehmer eine selbstverständliche Pflicht. Auch auf die gefahrlose Tragweise des Jagdgewehrs sollte immer wieder hingewiesen werden. Nur entladene Jagdgewehre gehören zur Aufbewahrung in den Waffenschrank.

VIII. Wilddieberei im Obereichsfeld

Für eine Vielzahl der Menschen galt und gilt das Wild als herrenloses Gut, welches sich jedermann aneignen kann. Bis etwa 1000 nach Christus konnte nach germanischem Recht jeder Bauer die Jagd ausüben. Mit der Übernahme des römischen Rechts in deutschen Landen änderte sich alles grundlegend, denn von nun an gehörte alles herrenlose Gut, also auch die Tiere des Waldes dem Kaiser, König oder dem jeweiligen Landesherren. Die Wälder waren zu Baumforsten deklariert, die ehemals freien Bauern wurden zu Hörigen und Leibeigenen der Feudalherren, denen sie jagdliche Frondienste leisten mussten. Das Wild ernährte sich auf den Feldern der Bauern, die auch oft durch wilde Jagden geschädigt wurden. Weil die Reviere sehr groß waren, blieben Aufsicht und Jagdschutz sehr gering. Viele Bauern gerieten in große Not und rächten sich an den Jagdherren durch Wilddieberei, die hier bereits ihre Geburtsstunde erhielt. Zum Schutz der großen Wildbestände wurden vom Adel eingesetzte Jäger beauftragt. Etwa um 1500 etablierte sich der Berufsjäger als Berufsstand vorrangig mit der Aufgabe, die Wildbestände vor Wilddieberei zu schützen. Jäger und Wilddieb standen sich nun feindlich gegenüber, der Jäger von Rechts wegen und der Wilddieb als Person, die unberechtigt Wild erbeutete und sich aneignete. Hieraus entwickelten sich in der Praxis beim Zusammentreffen oft Situationen, in denen es um Leben und Tod ging, meist mit sehr tragischem Ende. Dieser Zustand galt vorübergehend in den meisten mitteleuropäischen Ländern.

Das Eichsfeld bildete in dieser Hinsicht keine Ausnahme. Im Staatsarchiv Magdeburg befinden sich mehrere Aktenbände über Wilddieberei im Mittelalter, die das Eichsfeld betreffen. Hieraus ein wörtlicher Auszug:

„1589 Herzog Henricus Julius von Braunschweig ersucht den Kurfürst Wolfgang von Mainz um gefängliche Einziehung etlicher Wildbretdiebe, die aus dem Gebiet Gerode, Bodenstein, Duderstadt und anderen Orten sich aufhalten sollen.
Ein Verzeichnis bekannter Eichsfelder Wildbretschützen befindet sich in der Anlage.“[52]

Duderstadt	Valtin Eyerkuche	Hans Pahl	
	Valtin Koch (NB. Koch ist zu Zeiten in Heiligenstadt)		
Weißenborn	Merten Meyer	Hans Elle	Michael Straube
	Valtin Meyer		
Bruchthausen	Kleine Tolle	Große Tolle	Ziliax Schneider
	Melchior der Leineweber		
Ahlsen (Adelebsen)	Andreas Grunewald		
Zwinge	Ziliax Schneider		
Lindaw (Lindau)	Langer Hans	Hans Appaaicher	
Osterhagen	Kleine Hans von Osterhagen	Große Hans von Osterhagen	
Kirderode (Lüderode)	O. Schenke (daselbst)		
Geroda (Gerode)	Der Abt zu Gerode, dem mehrere Wildschützen das gestohlene Wildbret bringen.		
Bischofferode	(welches in Mainzer Hoheit liegt, aber dem Abt zu Gerode zuständig)		
	Martin Feürnagel	Kleine Tolle	Thomas Eckebrecht
	Hermann Detmar Boltesser		

Der Mainzer Kurfürst Wolfgang geht den Forderungen des Braunschweiger Herzogs nach und lässt über die Amtmänner diesbezügliche Nachforschungen betreiben. Dabei wird eine Vielzahl der genannten Personen in ihren Wohnorten bestätigt. Der Bericht des Eichsfelder Amtmanns Lippold von Strahlendorf ist umfangreich und umfasst mehrere Seiten. Er beinhaltet auch einige im Eichsfeld bekannte Straftaten der betreffenden Personen. In welcher Form und wann die Bestrafung der Wilddiebe erfolgte, konnte leider nicht ermittelt werden.
Es gab auch Eichsfelder Wilddiebe in Hessen. Nach Landau wurde 1562 ein auf dem Eichsfeld wohnhafter Mündener, welcher bei Helsa drei Hirsche geschossen hatte und bei deren Abhäutung ergriffen worden war, ohne allen Prozess an einem Eichbaum im Eichwalde Bettenhausen aufgeknüpft. Seine Helfer aber wurden des Landes verwiesen. [53]

Bestrafung der Wilddiebe im Mittelalter [54]

Der Erzbischof Michael von Salzburg ließ 1537 einen Bauern, welcher sich einen angeschossenen Hirsch, der in seinem Korn verendet war, zugeeignet hatte, in die Haut desselben nähen und vor seinen Augen von den Hunden zerreißen.
Es war auch eine Art der Bestrafung den Wildschützen auf eine Hirsch zu binden und diesen ins bergige Gelände zu jagen. Ein Unterfangen, das meist beide Beteiligten das Leben kostete. Besonders grausige Strafen waren das Abhacken von Fingern oder der ganzen Hand, das Abschneiden der Ohren sowie das Ausstechen der Augen gestellter Wilddiebe. Einer Todesstrafe gleich bedeutete die Verurteilung zur Galeerenstrafe, die in Österreich zur Anwendung kam. Die Verbannung von Haus und Hof war als Strafe für ertappte Wilderer im 17. Jahrhundert ebenfalls beliebt.
Obwohl von Seiten der Obrigkeit äußerst hart gegen die Wildschützen vorgegangen wurde, trat kein Ende der Übergriffe ein. Es ist nicht möglich, alle Vorfälle der Wilddieberei vom Mittelalter bis in die Neuzeit nachzuweisen, dies trifft auch für das Eichsfeld zu.

Wilddieberei im Eichsfeld nach 1850 bis zur Gegenwart

Mit dem Beginn der Bürgerlichen Jagd ging das Jagdrecht an den Jagdbesitzer, also auch an den Jagdpächter über. Dieser betrachtete das Wild als sein Eigentum, weil er es für die Pachtzeit oft unter Aufbietung bedeutender Mittel erworben hatte. Erkauft hatte er sich aber nur das Recht, in seinem Jagdbezirk beliebig schalten und walten zu können. Es bestand wohl die Auffassung, das Wild ist Eigentum des Jagdpächters. Wer sich am Eigentum eines Anderen vergreift, ist ein Dieb und muss als solcher bestraft werden. Mit der wirtschaftlichen Entwicklung wuchs die Zahl der bürgerlichen Geldleute und damit auch die Zahl der Bewerber um Pachtjagden. Mehr und mehr wurde der Besitz einer Jagd zum Statussymbol. Die Jagdpreise gingen rasch in die Höhe, die Unbemittelten hatten das Nachsehen. Der neue Jagdpächter hatte häufig wenig Ahnung vom Jagdgebrauchswesen. Es zeigte sich sehr bald, dass sie ohne einen Jagdhüter nicht auskamen, denn sehr schnell hatten sich die Wilddiebe den veränderten Verhältnissen angepasst. Zusammenstöße mit den amtlich Befugten blieben nicht aus. Bis weit in das 20. Jahrhundert hinein zog sich der erbarmungslose Kleinkrieg zwischen den bewaffneten Wächtern und den gleichfalls bewaffneten Wilddieben hin. In dem Jahrzehnt von 1899 bis 1908 wurden nach einer amtlichen Statistik allein in Preußen 13 Forstbeamte und Jagdaufseher gegenüber 11 Wilderern getötet. 17 Förster und 39 Wilddiebe und Forstfrevler wurden verwundet. Ereignisse dieser Art für das Obereichsfeld nachzuweisen, liegt nicht im Bereich der Möglichkeiten. Wo anhand von zugänglichen Quellen der Nachweis von Wilddieberei möglich war, soll dies hier erfolgen:

1880 Volkerode/Allendorf an der Werra

19. Februar – Drei Wilddiebe aus Volkerode waren in dem Allendorfer Stadtwalddistrikt, um Rehe zu schießen. Aus ungeklärtem Grunde ging einem Wilderer das in einem Sack verborgene Gewehr los und traf den mit einem Rehbock beladenen Vordermann so unglücklich in die linke Brust, dass an seinem Aufkommen gezweifelt wird. Die beiden Teilnehmer sind wohl noch an demselben Tage verhaftet und in ein Gefängnis nach Heiligenstadt abgeführt worden. [55]

1888 Effelder

13. September – Der Forstaufseher B. Mock aus Effelder traf im so genannten Rottenbach auf Wilddiebe aus Großbarloff. Dieselben gaben zwei Schüsse auf ihn ab ohne ihn zu treffen. [56]

1895 Effelder

11. September – Weil er einen Dachs auf dem Felde mit der Hacke erschlagen hat, wurde der Schuhmacher H. aus Effelder vor dem Schöffengericht Mühlhausen der unbefugten Ausübung der Jagd angeklagt. Er wurde zu 15 Mark oder 3 Tagen Gefängnis verurteilt. [57]

1899 Tastungen

8. Oktober – In der Strafkammersitzung vom 22. September in Heiligenstadt wurde der Schlosser Ernst Schafberg von hier wegen Wilddieberei zu 4 Monaten Gefängnis und der Ziegeleiarbeiter Karl Hesse jun. zu 14 Tagen Gefängnis verurteilt. [58]

1928 Heuthen-Gleichenstein

Im Juni 1928 findet sich eine Zeitungsanzeige des Gleichensteiner Gutsbesitzers Alfred Lehmann: „50 Mark BelohnungAuf meinem Heuthener Jagdrevier fiel am Sonntag den 6. Mai ein Schrotschuss. Obige Belohnung erhält, wer mir den Wilddieb namhaft macht, dass eine gerichtliche Bestrafung erfolgen kann. Für jeden Wilddieb oder Schlingensteller, der mir zur Anzeige gebracht und der Tat überführt wird, zahle ich die gleiche Belohnung.“ [59]

1933 Küllstedt

Straßenarbeiter als Wilddieb – Der Ablauf und das Ende dieser Wilddiebsaffäre blieb in seinen Einzelheiten in der Aktensammlung das Revierförsters Fritz Raschdorf für die Nachwelt erhalten. Der Küllstedter Straßenarbeiter B. wurde durch mehrere Beobachtungen als Wilddieb erkannt. Er nutzte die Gelegenheit zu jeder Zeit, sich auf den Straßen im Bereich Küllstedt, die er zu betreuen hatte, frei zu bewegen, zu verschiedenen Formen der Wilddieberei. Er erhielt 1933 vom Revierförster Raschdorf und dem Dorfpolizisten Schreier eine Vorladung und gab seine Aussage zu Protokoll. Aus diesem Verhörprotokoll wörtlich: „Ich gebe zu, die beiden Gewehre , die Förster Raschdorf beschlagnahmt hat, gehören mir. Auch gebe ich weiter zu, daß ich von 1927 ab bis heute sehr häufig gewildert habe. Auch im Staatswald in der Försterei Wachstedt habe ich vor etwa drei Jahren auf ein Reh geschossen, aber nicht bekommen. Im Küllstedter Jagdgebiet habe ich im Laufe der Jahre etwa 5 Hasen geschossen und diese im elterlichen Haushalt verwertet. In diesem Winter habe ich Schlingen auf Hasen im Küllstedter Privatwald gestellt, gefangen aber nichts.“ Hauptsächlich hatte B. mit einem Kleinkalibergewehr im Küllstedter Pachtrevier gewildert. Nachdem auch eine amtlich durchgeführte Hausdurchsuchung Nachweise auf Wilddieberei erbrachte, wurde B. zu einer Haftstrafe verurteilt. [60]

1945 Wachstedt

Herbst

Holzhauer als Wilddieb. Gelegentlich erblickte bei einem Reviergang der Revierförster Raschdorf einen seiner Holzhauer aus Wachstedt, der auf einer primitiven selbst gefertigten Ansitzleiter an einer starken Buche in der Abteilung 66 saß, einen Karabiner auf den Knien liegen hatte und wortlos durch Gesten klar verständlich den Zeigefinger vor den Mund haltend und mit dem Daumen die Richtung andeutend zu verstehen gab „Schweigen und Verschwinden". Zu diesem Zeitpunkt wurde illegaler Schusswaffenbesitz durch die Besatzungsmacht teilweise noch mit dem Tod bestraft. [61]

1945–1950

Verbreitete SchlingenstellereiIn den ersten Nachkriegsjahren herrschte in Deutschland, besonders in der sowjetischen Besatzungszone, eine viel zu geringe Versorgung mit Lebensmitteln. Dies war wohl eine der Hauptursachen für eine große Ausbreitung der Schlingenstellerei. Der Verfasser hat diese Situation im vollen Umfang miterlebt, von 1945 bis 1947 als Forstlehrling im Ilfeld Stiftsforst und von 1948 bis 1950 als Forstarbeiter im Revier Anrode. In beiden Bereichen wurde eine Vielzahl fängisch gestellter Schlingen entfernt und auch ein nachgewiesener Schlingensteller zur Anzeige gebracht. Es war ein Umsiedler, kriegsversehrt und einarmig. Die Anzeige erfolgte durch Oberförster Tute, am Kreisgericht Nordhausen erfolgte die Verhandlung. Entsprechend der geschilderten Notlage erhielt er für das Schlingenstellen keine Bestrafung, wurde aber zu einer Geldstrafe von 3 Mark verurteilt, weil er den Sohn des Oberförsters, als dieser die Schlingen entfernte, überrascht und arg verprügelt hatte.Die Praxis der Schlingenstellerei war weit verbreitet und denkbar einfach. Auf erkannten Wildwechseln, mit Vorliebe an Waldrändern, wurden in entsprechender Höhe selbstgefertigte Drahtschlingen in dem vorhandenen Strauch- und Baumwuchs aufgestellt. Das gefangene Wild wurde dann rein zufällig gefunden. Der Waldaufenthalt konnte mit Pilz-, Beeren- oder Brennholzsammeln getarnt werden. [62]

1948 Wachstedt-Westerwaldbereich

Jagdausübung durch sogenannte ZonenschutzpolizeiZu dieser Angelegenheit gibt es eine Durchschrift der Anzeige für den Oberförster der Oberförsterei Ershausen. Förster Engelmann, vertretungsweise in der Revierförsterei Wachstedt, berichtete: *„Auf einem Reviergang am 8. Juli 1948 traf ich um 18.30 Uhr auf der Abteilungslinie 122/123 auf zwei Schützen. Der Buchenjungwuchs beiderseits der Linie wurde von mehreren Treibern durchtrieben. Auf mein Befragen erklärte ein neben den Schützen stehender Herr ohne Gewehr dass er Leiter der Zonenschutzpolizei wäre und selbstverständlich eine entsprechende Jagdberechtigung besitze. Auf mein Verlangen seines Namens sagte er, dass ich dazu nicht berechtigt wäre, wenn er sich als Leiter der Zonenschutzpolizei erkläre und ich auf der Stelle zu verschwinden habe.“* Hier lag wohl eine sehr raffinierte Form der Wilddieberei vor. [63]

1945–1990

Über diesen Zeitraum gibt es für das Obereichsfeld keine belegten Hinweise. Die strengen Vorschriften über den privaten Waffenbesitz hatten der Wilddieberei mit Schusswaffen den Boden entzogen. In den Notjahren nach Kriegsende blühte die Schlingenstellerei.

Wilddieberei als Sozialproblem, des Hungers wegen, gibt es in Deutschland schon seit vielen Jahren nicht mehr. Trotzdem sind Wilddiebsfälle besonders nach der politischen Wende wieder sehr aktuell, auch im Bereich des Eichsfeldes. Jetzt erscheint der Gewohnheitswilderer, der aus reiner Profitgier mit Hilfsmitteln wie Auto mit Scheinwerfer, Zielfernrohr und Nachtsichtgerät bei Dunkelheit auf gut ausgebauten Wald- und Feldwegen das Wild blendet und mit Kugelschuss tötet. Das Wildbret wird dann in Geld umgesetzt. Daneben gibt es auch die Trophäenjäger, die aus Jagdleidenschaft starke Trophäenträger erlegen und das Wildbret oft dem Verderb aussetzen.

2000 Kalteneber – Jagdwilderei im Umfeld

Aufsehenerregend berichtete die Tageszeitung „Thüringer Allgemeine" über diesen unglaublichen Fall am 22. Februar 2000. Hieraus wörtlich: *„Ein Hausmeister aus Wolfhagen hat ohne Jagdberechtigung monatelang im Eichsfeld gewildert. Jetzt wurde der 52jährige auf frischer Tat ertappt."* Durch Beobachtungen war man aufmerksam geworden und die Ordnungshüter konnten ihn auf frischer Tat festnehmen. Er gab zunächst an, nicht in Besitz einer Schusswaffe zu sein. Nachdem die Beamten die Umgebung absuchten, fanden sie eine Repetierbüchse und in einem nahen Schuppen, den der mutmaßliche Wilderer benutzte, ein weiteres Jagdgewehr. Der Vernehmung folgte eine Hausdurchsuchung und auch hier wurde die Polizei fündig. Drei weitere Jagdwaffen, eine Pistole und zwei Trophäen von Eichsfelder Muffelwiddern wurden beschlagnahmt. Unter der bedrückenden Beweislast gab der Mann schließlich zu, schon länger als ein Jahr unrechtmäßig im Eichsfeld gejagt zu haben. Er hätte in Kassel dazu keine Möglichkeit gehabt. Seine beiden Gehilfen, bei denen es sich nach Angaben des Wilderers um „Jungjäger in der Ausbildung" handelte, wurden unter dem Verdacht der Beihilfe zur Wilderei vorläufig festgenommen. Dem Wilderer, der das Fleisch der erlegten Tiere verkauft haben will, droht jetzt eine Geldstrafe oder Haft bis zu drei Jahren. [64]

2005 Ostthüringen

Dass dies keinesfalls ein zufälliger Einzelfall war, bestätigt ein Zeitungsbericht vom 12. Mai 2005 aus dem Thüringer Bereich. Vier Wilddiebe, die in Ostthüringen ihr Unwesen getrieben haben sollen, fasste die Polizei in Kronach. Schon im Herbst 2004 sorgten vier Fälle bei Leutenberg, Schweinebach und Probstzella für Aufregung und Beachtung. Die Wilderer hatte es auf das Fleisch von Wildschweinen und Hirschen abgesehen. Weil die Polizei niemanden fasste, legten sich Jäger und Förster auf die Lauer und stellten zwei Männer aus Kronach. Thüringer Polizisten mit ihren bayerischen Kollegen fanden bei der Durchsuchung von vier Anwesen bei Kronach ausreichend belastendes Material, so eine nicht angemeldete Repetierbüchse, scharfe Munition und einen erlegten Rehbock. Gleichfalls vorgefunden wurden zwei umgebaute Autos mit Suchscheinwerfern, die per Fernbedienung gedreht werden können. Damit sollen die vier Verdächtigen nachts gejagt haben. Sie wurden verhaftet und gerichtlich verurteilt. [65]

Auch im Obereichsfeld gab es in den letzten Jahren Fälle von Autowilderei mit Scheinwerfern und Kleinkaliber, die der zuständigen Polizeibehörde gemeldet wurden. Leider kann man gegen diese niederträchtige Art des Wohlstandsgaunertums nur wenig unternehmen.

Anmerkungen

[1] H. Jahnke und D. Denecke „Neue Funde von Fauna des Jungpleistozäns bei Osterode", Heimatblätter für den südwestlichen Harzrand bei Osterode, Seite 48–59
[2] „Vorgeschichtliche Tiere", Heimatland 1911, Seite 101
[3] H. Jahnke und D. Denecke „Neue Funde von Fauna des Jungpleistozäns bei Osterode", Heimatblätter für den südwestlichen Harzrand bei Osterode, Seite 21–22
[4] Vladi, F. „Die Nashornfunde zu Düna (NSG Hainholz) vom Jahre 1751 – und ihre Bedeutung", Heimatblätter für den südwestlichen Harzrand bei Osterode, 1976 Seite 39
[5] Vladi, F. „Die Nashornfunde zu Düna (NSG Hainholz) vom Jahre 1751 – und ihre Bedeutung", Heimatblätter für den südwestlichen Harzrand bei Osterode, 1976 Seite 50
[6] „Vorgeschichtliche Tiere", Heimatland 1911, Seite 101
[7] „Vorgeschichtliche Tiere", Heimatland 1911, Seite 101
[8] „Vorgeschichtliche Tiere", Heimatland 1911, Seite 101
[9] Vladi, F. „Die Nashornfunde zu Düna (NSG Hainholz) vom Jahre 1751 – und ihre Bedeutung", Heimatblätter für den südwestlichen Harzrand bei Osterode, 1976 Seite 32
[10] Dr. Schmidt, A. „Der Moschusochse auf dem Eichsfelde", Eichsfelder Land, 1. Jahrgang 1921, Seite 45
[11] Dr. Schmidt, A. „Über den Moschusochsen in Thüringen", Pflüger 2. Jahrgang, Heft 3, Seite 142–143
[12] Dr. Bismark, Wolfram „Faunistische Funde im Bilshäuser Becken", Goldene Mark 1954, Seite 3
[13] Rummel, Lambert „Naturhistorisches aus der Tierwelt des Eichsfeldes", Unser Eichsfeld 1932, Seite 87
[14] H. Jahnke und D. Denecke „Neue Funde von Fauna des Jungpleistozäns bei Osterode", Heimatblätter für den südwestlichen Harzrand bei Osterode, Seite 48–59
[15] „Prähistorischer Fund", Obereichsfelder Kreisanzeiger Nr. 94, 1893, 15. August
[16] Prof. Neureuther, Franz „Geweihe aus dem Mergel von Heiligenstadt", Heiligenstädter Zeitung 1904, 14. Januar
[17] Prof. Neureuther, Franz „Geweihe aus dem Mergel von Heiligenstadt", Unser Eichsfeld 1907/3, Seite 51–59
[18] Prof. Neureuther, Franz „Geweihe aus dem Mergel von Heiligenstadt", Unser Eichsfeld 1907/3, Seite 51–59
[19] Krönig, Franz „Chronik des Dorfes Niedergebra", 1976 (Reprint)
[20] Dr. Müller, Johannes „Bedeutung der Bodenfunde in den Mergelgruben bei Heiligenstadt" Unser Eichsfeld 1940 Nr. 8/9, Seite 101–106
[21] Sohn, Heinz „Ein Vorzeithirsch geborgen", Eichsfelder Heimatstimmen 1965, Seite 3–6
[22] Stahmann, Dieter „Weidwerk im Wandel", 2020, Seite 82
[23] Röhrig, Fritz „Das Weidwerk, Die Zeit der Fürstlichen Jagd", Seite 82–84
[24] Sonntag „Die Herren von Tastungen zu Bernterode und Ascherode", Eichsfelder Heimatborn 1929, Nr. 6–10
[25] von Hanstein, C. P. „Urkundliche Geschichte des Geschlechts der von Hanstein" (Reprint), Duderstadt 2007, Seite 354–356
[26] die betreffenden Jahre der „Heiligenstädter Zeitung" entnommen
[27] Stubbe, Christoph „Die Jagd in der DDR", Seite 20/21
[28] Mündlich Revierförster Christian Munz
[29] Mündlich Franz Bode, Heiligenstadt, Chausseehaus
[30] Uloth, Walter „Das Muffelwild", Neue Brehm Bücherei, Wittenberg 1976
[31] Klett, Bernhard „Die Geschichte der Jagd und der Fischerei im Gebiete der ehemaligen freien Reichsstadt Mühlhausen", Mühlhausen 1924
[32] Landau, Georg „Die Geschichte der Jagd und der Falknerei in beiden Hessen" (Reprint) Kassel 1849/1992, S. 270
[33] Neureuther, Franz „Eichsfeldische Heimatkunde – Säugetiere", Duderstadt 1927, Seite 54
[34] Röhrig, Franz „Das Weidwerk in Geschichte und Gegenwart", Potsdam 1933
[35] Reccius, A. „Die Allendorfer Jagd in alten Zeiten", Werraland 8 1956, Seite 10–12
[36] Röhrig, Franz „Das Weidwerk in Geschichte und Gegenwart", Potsdam 1933, Seite 90
[37] Regel, F. „Thüringen – ein geographisches Handbuch, Erstes Buch – Pflanzen- und Tierverbreitung", Jena 1894
[38] Klett, Bernhard „Geschichte der Jagd und der Fischerei im Gebiete der ehemaligen freien Reichsstadt Mühlhausen", Mühlhausen 1924, S. 61–63
[39] Sellmann, Karl „Heimatkunde von Mühlhausen i. Th. und Umgebung", Mühlhausen 1908, Seite 74
[40] Rummel, Lambert „Naturhistorisches aus der Tierwelt des Eichsfeldes", Unser Eichsfeld 1932, Seite 87
[41] Dr. Strecker, Karl „Die im Obereichsfeld und bei Mühlhausen, besonders aber bei Dingelstädt von mir beobachteten Vögel", Ornithologisches Zentralblatt 1879
[42] Klett, Bernhard „Die Geschichte der Jagd und der Fischerei im Gebiete der ehemaligen freien Reichsstadt Mühlhausen", Mühlhausen 1924, Seite 61–63
[43] Born, Eberhard „Aufsätze am Mühlhäuser Landgraben zur Geschichte Lengefelds", 2020, Seite 109
[44] Heiligenstädter Zeitung, 1873, 28.09.

45 Heiligenstädter Zeitung, 1877, 18.05.
46 Heiligenstädter Zeitung, 1886, 25.11.
47 Heiligenstädter Zeitung, 1886, 05.12.
48 Heiligenstädter Zeitung, 1892, 17.09.
49 Deutsche Jägerzeitung 1906, 04.11.
50 Thüringer Allgemeine 2001, 24.11.
51 Thüringer Allgemeine, 2004, 07.08.
52 Landeshauptarchiv Magdeburg, A37, aXVII Nr. 6
53 Landau, Georg „Die Geschichte der Jagd und der Fischerei in beiden Hessen", Kassel 1849, Seite 188
54 Sammler, V. F. „Die Wilderer", 2004, Seite 26–28
55 Heiligenstädter Zeitung 1880, 17.02.
56 Küllstedter Zeitung 1888, 13.09.
57 Küllstedter Zeitung 1895, 11.09.
58 Küllstedter Zeitung 1899, 08.10.
59 Heiligenstädter Zeitung 1928, Juni
60 Revierakten Revierförsterei Wachstedt und Gespräch mit Revierförster Fritz Raschdorf am 15. Mai 1962
61 Persönliches Gespräch mit Revierförster Fritz Raschdorf am 15. Mai 1962
62 Eigenes Erleben des Verfassers 1945–1947 in Ilfeld und 1948–1950 in Küllstedt
63 Revierakten Revierförsterei Wachstedt, Durchschrift Revierförster Engelmann
64 Thüringer Allgemeine 2000, 22.02., Kalteneber
65 Thüringer Allgemeine 2005, 12.05.

Benutzte Literatur

Blätter für Naturschutz und Heimatpflege Nr. 12, 2. Jahrgang, Berlin, 1. März 1916
Born, Eberhard „Geschichte der Jagd und Fischerei von Lengefeld am Mühlhäuser Landgraben", Langensalza, 2011
Dittmann, Fred „Die Jagd im Kyffhäuser Gebirge", Kelbra/Kyffhäuser, 2010
Fritze, Eduard „Der Eichsfelder Westerwald", Verlag Rockstuhl, Langensalza, 2007
Fritze, Eduard/Dr. Görner, Gunter „Naturhistorische Chronik", Verlag Rockstuhl, Langensalza, 2017
„Eichsfelder Heimathefte" 1961–1990
Görner, Martin „Säugetiere Europas", Leipzig/Radebeul, 1987
Görner, Martin „Thüringer Tierwelt", Jena, 2002
Heß, Heinrich „Der Thüringer Wald in alten Zeiten", Gotha, 1898
Hahn, Ottomax „Heimatkunde für das Fürstentum Schwarzburg-Sondershausen", Sondershausen, 1914
Dr. Irmisch, Thilo „Beiträge zur Schwarzburgischen Heimatkunde, Sondershausen, 1906
Jahnke, H./Deneke, D. „Heimatblätter für den Süd-Westlichen Harzrand", Osterode 1976 und 1979
Klett, Bernhard „Die Geschichte der Jagd und Fischerei in Gebiete der ehemaligen freien Reichsstadt Mühlhausen", Mühlhausen, 1924
Kahlke, Hans Dietrich „Das Eiszeitalter Leipzig, Jena, Berlin, 1981
Kaiser, Ernst „Landeskunde von Thüringen", Erfurt, 1933
Landau, Georg „Die Geschichte der Jagd und der Falknerei in beiden Hessen", Kassel, 1849
Lindner, Kurt „Beiträge zur Jagdgeschichte Schwarzburg-Sondershausen", Sondershausen, 1924
Niethammer, Günter „Die Einbürgerung von Säugetieren und Vögel in Europa", Paul Parey, Hamburg-Berlin, 1963
Prof. Neureuter, Franz „Eichsfeldische Heimatkunde – Die Tierwelt des Eichsfeldes", Verlag Mecke, Duderstadt, 1927
Dr. Piechocki, Rudolf „Die Wildkatze", Neue Brehmbücherei, Wittenberg, 1990
Röhrig, Fritz „Das Weidwerk", Potsdam, 1933
Dr. Regel, Fritz „Thüringen" geographisches Handbuch (Pflanzen und Tierverbreitung), Jena, 1894
Rappe, Hermann-Josef „Reinhardswald eine Kulturgeschichte", Kassel, 2002
„Unser Eichsfeld", Illustrierte Monatsschrift für eichsfeldische Heimatkunde 1906–1943
Prof. Dr. Stubbe, Hans „Buch der Hege", Haarwild, Berlin, 1988
Sellmann, Karl „ Heimatkunde von Mühlhausen in Thüringen und Umgebung", Mühlhausen, 1908
Thüringer Landesanstalt für Umwelt „Roste Liste der gefährdeten Tier- und Pflanzenarten", Naturschutzreport, 2011

Bücher von Eduar Fritze im Verlag Rockstuhl

Eduard Fritze und Dr. Gunter Görner (Mitautor) im Jahr 2019 in der Stadtbibliothek „Rudolf Hagelstange“ in Nordhausen. Foto: Harald Rockstuhl

256 Seiten, A 5, Gb., 2002/2011,
ISBN 978-3-936030-06-8

240 Seiten, A 5, Gb., 2003/2011,
ISBN 978-3-936030-05-1

287 Seiten, A4, Gb., 2007, vergriffen
ISBN 978-3-86777-005-7

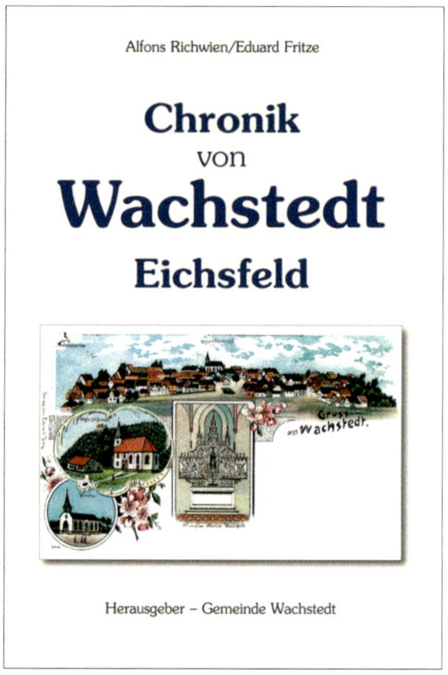

287 Seiten, A5, Gb., 2012, vergriffen
ISBN 978-3-86777-432-1

488 Seiten, A 5, Gb., 2015/2017
ISBN 978-3-95966-257-4

96 Seiten, A4, Gb., 2018,
ISBN 978-3-95966-304-5

126 Seiten, 17 x 24 cm, Gb., 2020,
ISBN 978-3-95966-472-1